中华复兴之光
万里锦绣河山

富饶森林资源

冯 欢 主编

汕頭大學出版社

图书在版编目（CIP）数据

富饶森林资源 / 冯欢主编. -- 汕头 ：汕头大学出版
社，2016.1（2023.8重印）
（万里锦绣河山）
ISBN 978-7-5658-2384-8

Ⅰ. ①富… Ⅱ. ①冯… Ⅲ. ①乔木－介绍－中国
Ⅳ. ①S718.4

中国版本图书馆CIP数据核字(2016)第015564号

富饶森林资源　　　　FURAO SENLIN ZIYUAN

主　　编：冯 欢
责任编辑：汪艳蕾
责任技编：黄东生
封面设计：大华文苑
出版发行：汕头大学出版社
　　　　　广东省汕头市大学路243号汕头大学校园内　邮政编码：515063
电　　话：0754-82904613
印　　刷：三河市嵩川印刷有限公司
开　　本：690mm×960mm 1/16
印　　张：8
字　　数：98千字
版　　次：2016年1月第1版
印　　次：2023年8月第4次印刷
定　　价：39.80元
ISBN 978-7-5658-2384-8

前　言

党的十八大报告指出："把生态文明建设放在突出地位，融入经济建设、政治建设、文化建设、社会建设各方面和全过程，努力建设美丽中国，实现中华民族永续发展。"

可见，美丽中国，是环境之美、时代之美、生活之美、社会之美、百姓之美的总和。生态文明与美丽中国紧密相连，建设美丽中国，其核心就是要按照生态文明要求，通过生态、经济、政治、文化以及社会建设，实现生态良好、经济繁荣、政治和谐以及人民幸福。

悠久的中华文明历史，从来就蕴含着深刻的发展智慧，其中一个重要特征就是强调人与自然的和谐统一，就是把我们人类看作自然世界的和谐组成部分。在新的时期，我们提出尊重自然、顺应自然、保护自然，这是对中华文明的大力弘扬，我们要用勤劳智慧的双手建设美丽中国，实现我们民族永续发展的中国梦想。

因此，美丽中国不仅表现在江山如此多娇方面，更表现在丰富的大美文化内涵方面。中华大地孕育了中华文化，中华文化是中华大地之魂，二者完美地结合，铸就了真正的美丽中国。中华文化源远流长，滚滚黄河、滔滔长江，是最直接的源头。这两大文化浪涛经过千百年冲刷洗礼和不断交流、融合以及沉淀，最终形成了求同存异、兼收并蓄的最辉煌最灿烂的中华文明。

五千年来，薪火相传，一脉相承，伟大的中华文化是世界上唯一绵延不绝而从没中断的古老文化，并始终充满了生机与活力，其根本的原因在于具有强大的包容性和广博性，并充分展现了顽强的生命力和神奇的文化奇观。中华文化的力量，已经深深熔铸到我们的生命力、创造力和凝聚力中，是我们民族的基因。中华民族的精神，也已深深植根于绵延数千年的优秀文化传统之中，是我们的根和魂。

中国文化博大精深，是中华各族人民五千年来创造、传承下来的物质文明和精神文明的总和，其内容包罗万象，浩若星汉，具有很强文化纵深，蕴含丰富宝藏。传承和弘扬优秀民族文化传统，保护民族文化遗产，建设更加优秀的新的中华文化，这是建设美丽中国的根本。

总之，要建设美丽的中国，实现中华文化伟大复兴，首先要站在传统文化前沿，薪火相传，一脉相承，宏扬和发展五千年来优秀的、光明的、先进的、科学的、文明的和自豪的文化，融合古今中外一切文化精华，构建具有中国特色的现代民族文化，向世界和未来展示中华民族的文化力量、文化价值与文化风采，让美丽中国更加辉煌出彩。

为此，在有关部门和专家指导下，我们收集整理了大量古今资料和最新研究成果，特别编撰了本套大型丛书。主要包括万里锦绣河山、悠久文明历史、独特地域风采、深厚建筑古蕴、名胜古迹奇观、珍贵物宝天华、博大精深汉语、千秋辉煌美术、绝美歌舞戏剧、淳朴民风习俗等，充分显示了美丽中国的中华民族厚重文化底蕴和强大民族凝聚力，具有极强系统性、广博性和规模性。

本套丛书唯美展现，美不胜收，语言通俗，图文并茂，形象直观，古风古雅，具有很强可读性、欣赏性和知识性，能够让广大读者全面感受到美丽中国丰富内涵的方方面面，能够增强民族自尊心和文化自豪感，并能很好继承和弘扬中华文化，创造未来中国特色的先进民族文化，引领中华民族走向伟大复兴，实现建设美丽中国的伟大梦想。

目 录

落叶乔木林

常绿乔木林

落叶乔木林

　　落叶乔木，就是每年秋冬季节或干旱季节叶子全部脱落的乔木。这类乔木主要有银杏科银杏属、槭树科三角枫属、槭树科槭树属、木兰科玉兰属等。

　　在我国，乔木大约有2000种，其中落叶乔木以胡杨、杜仲、白桦树、桑树、榉树、皂角树、梓树、黄栌等为主。落叶乔木是我国北方城市绿化的主要植物种类之一，其品种结构和规格结构相比灌木重要得多。

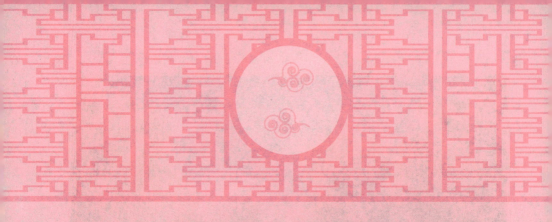

丝路胡杨——塔里木胡杨林

传说那是在很久以前，天宫中的王母娘娘身边有一男一女两个童子，长得如花似玉般美丽可爱，王母娘娘爱得像宝贝似的，封他们为金童玉女，走到哪里都把他们带在身边。

金童玉女长期在一起，彼此产生了很深的感情，他们总是形影不离。有一次，王母娘娘到人间体察民情，金童玉女跟随着到了人间。

看惯了天宫铺金嵌玉的金童玉女，被人间的自由快乐深深吸引了，他们说什么也要在人间周游几日。无奈之下，王母娘娘只好把他

们带上云头，居高临下指着黄河下游洪灾泛滥地区，挣扎在死亡线上的人们那悲惨景象，给金童玉女讲述人间的悲苦，才总算把金童玉女带回了天宫。

金童玉女回到天宫后却依然对人间念念不忘，总想再到人间看看。过了不久，王母娘娘准备在昆仑仙岛举办招待会，宴请那些没有机会到人间周游的内宫诸神。于是，就派金童玉女到人间搜寻奇花异草和美味珍馐。

金童玉女到人间游历了名山大川，最后到了西湖边，立刻被人间天堂的风景吸引住了。此时西湖正是堤柳成行、荷花盛开的季节，柳荫下文人雅士吟诗歌咏，小船上哩语小调优美动听。金童玉女不禁在岸边忘我地游玩了起来。

不知不觉太阳偏西了，金童玉女来到了断桥前。桥头石墩上，一位老者正给身边围着的几个孩童讲故事，金童玉女便躲在柳荫下静静地听了起来。

老者讲的正是白娘子断桥会许仙的故事，金童玉女被深深地吸引住了，他们很佩服那条千年蛇仙，竟然能够为了报恩而放弃修成正

果。一个小蛇仙尚能如此，那么，身为天宫名神怎么就不可以轰轰烈烈地爱上一回呢！

天宫虽然金碧辉煌，却没有人间的甜甜蜜蜜，甚至缺少精神的享受。金童和玉女商量后，决定先返回天宫复命，然后再悄悄到人间缔结连理。于是他们便带着寻到的人间珍品返回了天宫。

就在王母娘娘的招待会开得正热闹的时候，金童牵着玉女的手悄悄溜出天宫飞到了人间。当王母娘娘酒醒后，发现身边少了金童玉女，大为震惊，立即派天兵天将寻找。不久，金童玉女被带回了天宫。

可是，无论王母娘娘怎么说，金童玉女就是听不进去，并说他们在人间已经结为了夫妻。王母娘娘只好命人将金童玉女捆绑起来，并拔去了金童头顶的通天骨，拉出天宫推下了人间。

金童摔死在天山脚下，他的血液渗到泥土中顺着山谷慢慢流出并凝结了，形成了一片浩瀚的沙漠。每当阳光升起时，沙漠就会发出金子般的光芒，直射天宫，沙子在风的吹拂下不时发出一阵阵缠缠绵绵的吟唱。

玉女看到了那束金光，也听到了鸣沙的声音，她知道金童已经死去了。玉女挣脱了捆绑的枷锁，自己也动手拔去了通天骨，一头撞死在了擎天柱下。

众神得知金童玉女的遭遇后，都为他们的执着所感动，于是纷纷向玉皇大帝和王母求情。王母失去了金童玉女，心痛后悔极了，她拗不过众神的意愿，只好同意将玉女的尸身带出阴阳界，埋在天山脚下的沙漠里，让她与金童相守。

不久，沙漠的边缘长出了一棵小树，小树慢慢长大了，她紧紧抓住脚下的沙土，拼命地向深处伸展着根须，并用自己的生命把沙漠牢牢地抱在自己怀里，他们紧紧地依偎在一起。

后来，天山下的维吾尔族人民给这棵树取了一个好听的名字叫

"托克拉克",就是"最美丽的树"。

我国历史上把西部的少数民族统称为"胡人",西域地区则被统称为"胡地",因为托克拉克长得像杨树,所以人们便叫这棵树为"胡杨"了。

胡杨,又称胡桐,属杨柳科落叶乔木,成年树一般高达30米,直径可达1.5米。胡杨是一种生命力极顽强的原始树种,被誉为"抗击沙漠的勇士"。

铁干虬枝,龙盘虎踞,十分壮美,且有层层绿叶,形状各异或叶圆似卵,或状态如柳叶,层层叠叠,密不透风。

胡杨树皮呈灰褐色,有不规则纵裂沟纹。长枝和幼苗、幼树上的叶呈线状披针形或狭披针形,长5厘米至12厘米,全缘,顶端渐尖,基部楔形;短枝上的叶呈卵状菱形、圆形至肾形,长25厘米,宽3厘米,先端具2对至4对楔形粗齿,基部截形,稀近心形或宽楔形。叶柄长1厘米至3厘米,光滑,稍扁。

胡杨雌雄异株,菱荑花序;苞片菱形,上部常具锯齿,早落;雄

花序长1.5厘米至2.5厘米，雄蕊23毫米至27毫米，具梗，花药紫红色；雌花序长3厘米至5厘米，子房具梗、柱头宽阔，紫红色；果穗长6厘米至10厘米。萌果长椭圆形，长10毫米至15毫米，2裂，初被短绒毛，后光滑。花期5月，果期6月至7月。

胡杨是亚非荒漠地区典型的潜水超旱生植物，长期适应极端干旱的大陆性气候。其对温度大幅度变化的适应能力很强，喜光，喜土壤湿润，耐大气干旱，耐高温，也较耐寒，适宜生长于10度以上积温2000度至4500度之间的暖温带荒漠气候，。

胡杨在积温4000度以上的暖温带荒漠河流沿岸、河滩细沙到沙质土上生长最为良好，能够忍耐极端最高温45度和极端最低温零下40度的袭击。

胡杨能从根部萌生幼苗，能忍受荒漠中干旱的环境，对盐碱有极强的忍耐力。胡杨的根可以扎到地下10米深处吸收水分，其细胞还有特殊的功能，不受碱水的伤害。

在杨树的庞大家族中，胡杨是最为特别的一种。杨柳科植物都特别喜欢水，独有胡杨生活在干旱环境中，成为我国沙漠中唯一的乔木。因此，胡杨也算是一种"活化石"。

胡杨生长在极旱的荒漠区，但骨子里却充满了对水的渴望。尽管为了适应干旱环境，它做了许多改变，例如叶革质化、枝上长毛，甚至幼树叶如柳叶，以减少水分的蒸发，因而有"异叶杨"之名。

然而，作为一棵大树，它还是需要相应水分维持生存的。因此，在生态型上，它还是中生植物，即介于水生和旱生的中间类型。

它是一类跟着水走的植物，沙漠河流流向哪里，它就跟随到哪里。而沙漠河流的变迁又相当频繁，于是，胡杨在沙漠中就处处留下

了曾经驻足的痕迹。

　　在自然选择法则面前，面对干旱，胡杨通过长期适应过程，做了许多改变，呈现了顽强的生命力。其形成了强大的根系，主根系可以深至6米以下，水平根系更延伸至三四十米开外，在更大范围获得延续生命的水源。靠着根系的

保障，只要地下水位不低于4米，它就能够生活得很自在。

当地下水位跌到6米至9米后，胡杨只能强展欢颜或萎靡不振了。当地下水位再低下去时，它就只能辞别尘世了。所以，在沙漠中只要看到成列的或鲜或干的胡杨，就能判断是否曾经有水流过。

胡杨的叶片覆背着厚厚的蜡质，形成可以按气温高低启闭的气孔，最大限度保存身体内部的水分，因此才有了它在沙漠中的立身之本。

我国新疆沙雅拥有面积近约2600多公顷的天然胡杨林，占到全国原始胡杨林总面积的四分之三，被评为"中国塔里木胡杨之乡"。

在我国新疆、内蒙古和甘肃西部地区，有相当一部分为戈壁、沙漠所占据，干燥少雨，特别是新疆南部塔里木盆地的荒漠气候尤为强烈。

在严酷的自然条件下，分布在这些地区河流两岸和洪水侵蚀地上的胡杨林就显得十分重要了。由于有这些胡杨林的存在，干旱恶劣气候才得以缓和。

在塔里木河中、上游两岸以及下游广大地区分布的天然胡杨林，构成了一道长达数百千米连绵断续的天然林带。这条天然林带，对于防风固沙、调节气候，有效地阻挡和减缓南部塔克拉玛干大沙漠北移，保障绿洲农业生产和居民安定生活等方面，发挥了积极作用。

同时，由于大量胡杨林生长分布在河流两岸，保护了河岸，减少了土壤的侵蚀和流失，稳定了河床。

胡杨林的蔽荫覆盖，一方面增强了对土壤的生物排水作用；另一方面又相对地减缓了土壤上层水分的直接蒸发，抑制了土壤盐渍化的进程，从而在一定程度上起到改良土壤的作用。因此，胡杨作为荒漠森林，在我国西北地区广阔的荒漠上起着巨大的作用。

胡杨以自己特有的绿色和生命孕育记载了我国的西域文明，2000多年前的胡杨覆盖着西域，使得塔里木河、罗布泊长流不息，滋养了古老的楼兰、龟兹文明等。

胡杨是我国生活在沙漠中的唯一乔木树种，它自始至终见证了我国西北干旱区走向荒漠化的过程，虽然后来退缩到沙漠河岸地带，但

仍然是被称为"死亡之海"的沙漠的生命之魂。

胡杨曾经广泛分布于我国西部的温带、暖温带地区，新疆库车千佛洞、甘肃敦煌铁匠沟、山西平隆等地，都曾发现胡杨化石，证明它是第三纪残遗植物，距今已有6500万年以上的历史。可以说，胡杨与我国西北的沙漠齐寿，是我国古老沙漠的历史见证。

胡杨是比较古老的树种，对于研究亚非荒漠地区的气候变化、河流变迁、植物区系演化以及古代经济、文化发展都有重要科学价值。

胡杨是世界上最古老的杨树品种之一，被誉为"活着的化石树"，有着如此美评：

活着不死1000年，死后不倒1000年，倒地不烂1000年。

新疆塔里木胡杨生长区域曾被批准列为国家级自然保护区，通过

合理调整干旱荒漠地区的农、牧、林三者的关系，严禁乱砍滥伐。

各河流上游截流水库也采取了定期向中、下游放水，确保胡杨林的恢复和发展。同时，还在我国西北地区建立了两个胡杨林自然保护区，作为科研和物种保护基地。

胡杨林是荒漠地区特有的珍贵森林资源，它对于稳定荒漠河流地带的生态平衡、防风固沙、调节绿洲气候和形成肥沃的森林土壤，具有十分重要的作用，是荒漠地区农牧业发展的天然屏障。

在我国沙漠内部塔里木河沿岸及沙漠边缘洪积扇前缘分布有以胡杨、树柳为主的天然植被带，形成了沙漠中的天然绿洲，它主要分布在塔克拉玛干沙漠的周围，犹如一条绿色长城，紧紧锁住了流动性沙丘的扩张，使得这里成为了四季牧场和野生动物的栖息地。

塔里木胡杨林国家森林公园，位于塔克拉玛干沙漠东北边缘的塔里木河中游、巴州轮台县城南沙漠公路70千米处，总面积100平方千米，是新疆面积最大的原始胡杨林公园，也是整个塔里木河流域原始胡杨林最集中的区域。

塔里木胡杨林公园集塔河自然景观、胡杨景观、沙漠景观、石油工业景观于一体，是世界上最古老、面积最大、保存最完整、最原始的胡杨林保护区，也是观光览胜、休闲娱乐、野外探险、科普考察、

分时度假的自然风景旅游胜地。

在塔里木胡杨林公园内约有220处弯道，堪称世界上弯道最多的景区道路。道路两边满目沧桑，胡杨高大粗壮的身躯，或弯曲倒伏、或仰天长啸、或静默无语、或豪气万丈。人们除了赞叹、高歌、抑或沉默之外，还有就是对生命无限的敬仰。

在胡杨林公园内，可一跃绿草地、二窜红柳丛、三过芦苇荡、四跨恰阳河、五绕林中湖，尽情展现出大漠江南的秀色。

茂密得胡杨千奇百怪，神态万般。粗壮得如古庙铜钟，几人难以合抱；挺拔得像百年佛塔，直冲云霄；怪异的似苍龙腾越，虬蟠狂舞；秀美得如月中仙子，妩媚诱人。

密密匝匝的胡杨叶也独具风采。幼小的胡杨，叶片狭长而细小，宛若少女弯曲的柳眉，人们常把它误认作柳树；壮龄的胡杨，叶片变成卵形，如同夏日的白桦叶；进入老年的胡杨，叶片定型为椭圆形。更奇特的是，在同一棵胡杨树冠的上下层，还生长着几种不同的叶片，真可谓奇妙绝伦，令人惊叹不已。

这些铁骨铮铮的树干，形状千姿百态，有的似鲲鹏展翅，有的像骏马扬蹄，还有的如纤纤少女，简直就是一座天然艺术宫殿。有人专门为胡杨作了首诗，充分展现了胡杨林之神态。有诗赞道：

矮如龙蛇数变形，蹲如熊虎踞高岗。
嬉如神狐露九尾，狞如夜叉牙爪张。

冬去春来，野骆驼、野猪、马鹿等珍稀动物在林间闪现，天鹅、野鸭、大雁、鸥鸟等各种水鸟集队飞翔，鸣啼于湖面之上。胡杨微微吐出绿芽，一派欣欣向荣的繁盛景象。

盛夏，胡杨身披绿荫，落英缤纷，为人们奉献出一片清凉。

金秋时节，胡杨秀丽的风姿或倒影水中，或屹立于大漠，金色的

胡杨把塔里木河两岸装点得如诗如画，尽显出生命的灿烂辉煌。

深秋，当漠野吹过一丝清凉的秋风，胡杨便在不知不觉中由浓绿变成浅黄，继而又变成杏黄。凭高远眺，金秋的胡杨如潮如汐、斑斑斓斓、漫及天涯，汇成金色的海洋，一派富丽堂皇的景象。

落日苍茫，晚霞一抹，胡杨由金黄变成金红，最后化为褐红，渐渐融入朦胧的夜色之中，无边无际。一夜霜降，胡杨如枫叶红红火火。秋风乍起，金黄的叶片飘飘洒洒，大地如铺了一层金色的地毯，辉煌凝重，超凡脱俗。

在狂风飘雪的冬季，胡杨不屈的身影身披银装，令人长叹这茫茫沙海中的大漠英雄。此情此景不免让人心生感慨：

不到轮台，不知胡杨之壮美；

不看胡杨，不知生命之辉煌。

关于胡杨的命名，还有另外一个传说：

在很久以前，我国有一个十分奇怪的部落，他们图腾的标志是白头翁鸟。白头翁那时又称鹕鹕，后来这个部落就以"鹕"为姓了，"鹕"后来又写作了"胡"。

随着部落人数的增加，胡姓逐渐成为了我国《百家姓》中的一个大姓，他们主要生活在我国的西部地区，属于少数民族。

后来，西部的少数民族被统称为"胡人"，西域则被统称为"胡地"，甚至西域的野草也被称为"胡草"，还有胡瓜、胡豆、胡琴等。同样，生长在西域的一种杨树也跟着姓了胡，人们称它为胡杨。

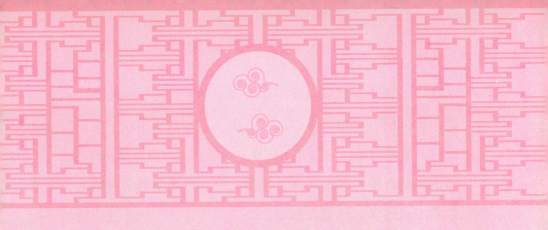

植物黄金——张家界杜仲树

  在紧挨着湘西天门山的一座大山叫崇山，在这座山里的一个小山村里住着一户人家，只有母子二人。儿子名叫李厚孝，为人孝顺、善良、忠厚、老实。

  有一天，家里的六旬老母突然患病，卧床不起。厚孝赶紧请来郎中

为母亲诊治。可老母服药数帖后，病情未见好转。这可把厚孝急坏了。

郎中告诉他，要想治好老母亲的病，必须得去山崖上采回一种灵芝草才行。厚孝听后，立即背上药篓，拿着锄头，就往崇山攀去。

崇山山路奇险，峭壁如削、高耸入云。可为了给老母治病，厚孝哪里顾得上这许多。他攀岩越堑，历尽千辛万苦，终于在一处峭壁上采到了灵芝草。

看着手里的灵芝草，厚孝激动万分，在下峭壁的时候一不小心朝着山下滚去。

不知过了多长时间，厚孝慢慢苏醒过来，摸摸灵芝草还在，心里就放心了。他想赶快把灵芝草带回家给老母治病，却怎么也起不来，腰、腿疼得直钻心……他只得依靠在旁边的一棵树上休息。

天很快黑了下来。朦胧间，厚孝听到了鹤鸣声。他睁眼一看，面前站着一位鹤发童颜的老者。厚孝挣扎着求救道："老爷爷帮帮我，

我得赶紧回家给老母亲送药……"

"孩子，腰伤得不轻啊！不要动，我给你治治。"老者边说边从怀中掏出一个小葫芦，伸手从树上剥了一块树皮，并从树皮折断处剥出细丝，塞进葫芦摇了三下，树皮就立刻化成了水。老者把这水给厚孝服下。

神奇的是，不一会儿，厚孝的腰就不疼了。厚孝正暗暗纳闷，老者忽然哈哈大笑，扶起他说："孩子，快回家吧，你的老母亲还等着用药呢！"厚孝握着老人的手，千恩万谢，一定要让老人留下姓名。

老者只是笑了笑，指着那棵大树吟道：

此木土里长，人中亦平常。
扶危祛病魔，何须把名扬！

之后便骑上白鹤，飘然远去。

厚孝望着老者远去的背影，并不解诗中何意，又因心中挂念老母就立刻回家了。到家后，将灵芝草给老母服下，果然药到病除。

因心中感念老者的恩情，几天后，厚孝又来到了那棵树下。只见树上长满了椭圆状有锯齿的绿叶，树粗且直。厚孝口中喃喃念着老者留下的那四句诗……

啊！莫非那诗指的是"杜仲"二字？此木土里长，"木"旁放一"土"是"杜"；人中亦平常，"人中"合起来"仲"。厚孝回想当时的情景，莫非这种树的树皮能治腰伤？

厚孝十分惊奇，剥下一块树皮带回家中。正巧，村里有个人扭伤了腰，厚孝把树皮煎了给村民服下，果然有效。于是，人们就叫这种树为"杜仲"。

关于"杜仲"名称的由来，另外还流传着这样一个故事：

据说，在很久以前，湖南洞庭湖畔的货物还主要是靠木船运输的，而木船得靠人力拉纤才得以前行。由于成年累月地低头弯腰拉纤，纤夫们大多患了腰膝疼痛的顽症。

纤夫中有一个心地善良的青年人，名叫杜仲。杜仲深深感受到纤夫们所受的痛楚，因此他一心想找到一味药来解除纤夫们的疾苦。于是，他告别了父母和同伴，离家上山采药。

有一天，杜仲在山坡上遇到一位采药的老翁。他满心欢喜地上前拜见，可老翁头也不回地走了。

杜仲一下子就急了，算算离家已21天了，母亲给准备的口粮也已吃光了，可还是没有找到那样一种草药。想想同伴们，杜仲又疾步追上前拜求老翁，并向老翁诉说了纤夫们的疾苦。

老翁被杜仲的真情所感动，从药篓中掏出一块能治腰膝疼痛的树皮递给他，并指着对面高山对杜仲言道："山高坡陡，采药时可要小心哪！"

杜仲连忙称谢，拜别了老翁后，沿着山间险道向老翁所指的高山攀登而去。

半路上，杜仲遇到了一位老樵夫。老樵夫听说杜仲要上山顶采药，连忙劝阻："孩子，此山巅飞鸟难过，猿猴难度。这一去怕是凶多吉少啊……"

杜仲一心要为同伴们解除疾苦，拜别老樵夫，毅然向山顶爬去。

到半山腰时，肚子饿得咕咕叫，杜仲心慌眼花得突然翻滚下来……

万幸的是，杜仲的身子悬挂在一棵大树上。过了些时候，他清醒过来，发现身边正是他要找的那种树，高兴得拼命采集。最后，他精疲力竭，昏倒在山崖下，被山水冲入洞庭湖中。

洞庭湖畔的纤夫们听到这一噩耗，立即结伴寻找。人们找到了杜仲的尸体时，他还紧紧抱着一捆采集的树皮。纤夫们含着泪水，吃了杜仲采集的树皮，果真，腰膝疼痛好了。为了纪念杜仲，人们就将这种树及其树皮叫作"杜仲"。

杜仲，又名丝连皮、扯丝皮、丝棉皮、玉丝皮、思仲等，属落叶乔木。其树形整齐，枝繁叶茂，树皮灰白，折断树枝可见银白色胶丝。树高可达20米，小枝光滑，呈黄褐色或较淡，有片状髓。皮、枝及叶均含胶质。

杜仲单叶互生，椭圆形或卵形，长7厘米至15厘米，宽3.5厘米至6.5厘米。叶先端渐尖，基部广楔形，边缘有锯齿。幼叶上面疏被柔毛，下面毛较密，老叶上面光滑，下面叶脉处疏被毛。叶柄长1厘米至2厘米。

杜仲花单性，雌雄异株，与叶同时开放，或先叶开放，生于一年生枝基部苞片的腋内，有花柄，无花被。雄花有雄蕊6枚至10枚；雌花有一裸露、延长的子房，子房一室，顶端有两叉状花柱。翅果卵状长椭圆形而扁，先端下凹，内有种子一粒。花期4月至5月，果期9月。

杜仲为我国特有树种，野生资源稀少。其以树皮入药，也称杜仲，具有补肝肾、强筋骨、安胎的作用。

杜仲药材呈平坦的板片状或两边稍向内卷，大小不一，厚3毫米至7毫米。外表面淡棕色或灰褐色，粗糙，有明显的皱纹或纵裂槽纹；有的树皮较薄，未去粗皮，可见明显的皮孔；内表面暗紫色，光滑。质

脆，易折断，断面有细密、富弹性的银白胶丝相连。气味微苦，嚼之有胶状残余物。以皮厚而大，粗皮刮净，内表面暗紫色，断面银白胶丝多而长者为佳。

杜仲为我国名贵中药材之一，其药用历史悠久。早在两千多年前，《神农本草经》就将杜仲列为上品。谓其：

主腰脊痛，补中，益精气，坚筋骨，除阴下痒湿，小便余沥。久服，轻身耐老。

《本草纲目》中也称其：

其功效补肝肾、强筋骨、调血压……上焦之湿非杜仲不除，中焦之虚非杜仲不去，下焦之热非杜仲不利。

　　杜仲雌雄异株，生长速度极慢，要生长十几年才能开花结果。杜仲主要分布在长江中下游及南部各省的山地林中，河南、陕西、甘肃等地均有栽培。

　　杜仲喜阳光充足、温和湿润气候，耐寒，对土壤要求不严，丘陵、平原地区都可以种植，也可利用零星土地栽培。

　　以杜仲初春芽叶为原料可以制作杜仲茶。杜仲茶是一种茶疗珍品，为我国名贵保健药材，具有降血压、强筋骨、补肝肾的功效，同时对降脂、降糖、通便排毒、促进睡眠效果明显。杜仲由于药用价值高，并且用途广，所以它又被人们誉为"植物黄金"。

　　此外，杜仲也是非常古老的树种。在地球上已发现的杜仲属植物多达十几种，可是在第四纪冰川侵袭时，欧亚及北美大陆的众多杜仲植物相继灭绝，只有在我国中部山区由于复杂地形对冰川的阻挡，使得少数杜仲幸存下来，成为地球上杜仲科杜仲属仅存的孑遗植物。杜仲对研究被子植物系统演化以及我国植物区系的起源等诸多方面都具

有极为重要的科学价值。

在整个地球上，只有我国中部的武陵山脉一带才能见到天然的野生杜仲，资源极少。其药材主产于四川、陕西、湖北、河南、贵州、云南等地。

由于杜仲的表皮是草质的，内有韧性较强的银白胶丝相连，剥皮后可再生。只要保护好母树，便可以经常剥皮，一年一次。

采集时，一般采用局部剥皮法。每年清明至夏至间，可选取年份在15年至20年以上的植棵，按药材的规格大小，剥下树皮，刨去粗皮，置于通风干燥处晒干即可。

我国张家界，是世界最大的野生杜仲产地，是有名的"杜仲之乡"。一棵棵高大的杜仲树，是那样的坚毅挺拔，那样的富有生机。茂盛的树冠中可见粒粒果球。树枝都向外探，它们枝枝相沟连，叶叶

相覆盖，仿佛在上空形成了一道绿色的穹顶。

清晨的阳光透过这些绿叶和它们的间隙，零零碎碎地洒在地面上，在散发着潮润泥土味的空气中渗透着自己的光亮。夏天遮天蔽日，为人们带来凉爽。

张家界早先并不叫张家界，叫青岩山，那时，青岩山上也没有姓张的人家。为什么后来又叫它张家界呢？这事儿，还和杜仲有关呢！

相传，汉高祖刘邦平定天下后，滥杀功臣。留侯张良便想效法当年越国范蠡，隐匿江湖。可是到哪里去好呢？

一辗转登上了青岩山。这里别有天地，正是张良要寻求的"世外仙境"。从此，他便在这里隐居下来，修行学道，并留下了一脉张氏子孙。

据说，张良为了让青岩山水更美，曾在青岩山南侧植了7棵杜仲

树。这7棵杜仲树长得又高又大，就像7把巨伞，撑在半山腰。

许多年后的一天，一个叫张万冲的官吏，上青岩山游玩。当他看到这7棵杜仲树，像巨人般立在那里，顿起邪心，便想以这7棵树为界，把青岩山这块神奇的土地，通统划为己有。

于是，他请来一名雕刻匠，要他在每一棵树上雕刻一个大字。这雕匠刻呀、雕呀，雕了七七四十九天，才刻成7个大字："指挥使张万冲界"。

有一天，猎户张家雄进山赶老虎，从7棵杜仲树下路过，他见每棵树上都流着黄水，如泪人一般。张家雄最初感到惊奇，不知道杜仲树为什么会流泪？

后来他看到了"指挥使张万冲界"7个大字，才恍然大悟，顿时火冒三丈，猛地拔出猎刀，"嚓嚓"几刀，将"万冲"两字，改成了"家雄"。

张家雄的这一举动，寨民们齐声叫好，只有张万冲气急败坏，暴跳如雷。他调来亲兵，把青岩山一带围得水泄不通。他把寨民赶到杜仲树下，声称要用大家的血染红那7个大字。

正在危急时刻，只见7棵树干突然喷出7股桶大的黄水，直朝着张万冲的人马射来。霎时，狂涛巨浪，铺天盖地，把张万冲和他的兵马一齐卷进金鞭溪去了。

这时，猛听得云头上有人发下话来："寨民们听着：此地本是天造地设，人间仙境，哪能容得张万冲这个不肖子孙横行。吾神已将他葬入海底。此地现归张氏共同所有，永世永代生息！"

说罢，他将拂尘往7棵杜仲树上一指，只见7棵杜仲树上立即现出了"人间仙境张家界"7个金灿灿的大字。众人抬头一看，只见那仙人正是张良。因为是张良仙人赐名，此后，人们便把青岩山叫作"张家界"了。

关于杜仲名称的由来，还有另外一个传说故事。

古时候，有位叫杜仲的大夫。他筋骨不强，经常腰腿酸痛。有一天，杜仲进山采药，偶然看见了一棵粗壮、挺拔的参天大树，且在无意中发现其树皮里有像"筋"一样的多条白丝。

他认为该种植物不同寻常，他想如果人服用了这树皮的"筋骨"，是否也会像这种植物一样筋骨强健。于是，下决心尝试。几天后，不仅无不良反应，反而自觉精神抖擞，腰、腿也轻松了。杜仲又服用一段时间后，结果奇迹出现了，不仅身轻体健、头发乌黑，最后还得道成了仙人。因此人们叫这种植物"思仙""思仲"，后来就干脆叫它"杜仲"。

知识点滴

东方神木——黄河故道桑树林

　　西汉末年，大司马王莽篡位，身为布衣却有汉朝皇族血统的刘秀，在家乡南阳起兵讨伐王莽，立志恢复汉朝刘家天下。可是在幽州附近却被王莽手下大将苏献打得大败。

当刘秀从战场上逃出来的时候，只剩下自己孤零零的一个人，并且胸前受了刀伤，左腿中了一支毒箭。

正当他拔出毒箭，包扎完伤口想坐下来歇一歇的时候，后边又传来了"抓住刘秀，别让刘秀跑了"的喊声。刘秀一听，吓得赶紧躲进了前面不远处的一片树林里。

追兵过去了，可刘秀明白，这里离王莽的营寨很近，自己没有马匹兵刃，身上又有伤，出去就会被抓住，现在最好的办法就是先找个安全的地方藏起来。

想到这儿，他忍着疼痛向前走去。走着走着，前边发现了一座废弃的砖窑，先在这儿躲躲吧！刘秀想着，又看了看四周无人便走了进去。

这座砖窑已经废弃多年，外面杂草丛生，里面到处是残破的砖瓦，刘秀进去后仔细地察看了一下，确认这里安全之后靠着一棵树坐了下来。也许是他太疲劳了，也许是箭毒发作了，刘秀一坐下就晕了过去。

　　此时，正值5月中旬，一阵阵轻风吹过，一棵树上熟透的果实三三两两地滚落下来，猛然间，一颗果实落入刘秀口中。刘秀不知何物，想吐出来，可是已经晚了，那颗果实在他的口中慢慢地融化了，甜甜的、香香的感觉顿时传遍了刘秀的全身。刘秀随手一摸，又摸到了几颗，慢慢地放入口中，真是人间绝品。

　　刘秀喜出望外，顾不得全身伤痛，借着明亮的月光在身边的草丛中找了起来，一颗、两颗、三颗，刘秀贪婪地找着、吃着，直到远处传来阵阵的鸡叫声，刘秀才恋恋不舍地爬回了砖窑里。

　　就这样，刘秀白天在砖窑里避难，晚上出来捡些果实来充饥，时间大约过了三十几天，刘秀胸前的刀伤好了，腿上的箭毒消了，身体已渐渐地恢复了健康。

　　正当他想出去寻找队伍的时候，他手下的大将邓羽也带人找到了这里。君臣见面之后，刘秀将此番经历说与众人后，问邓羽："这树

叫什么名字？"

邓羽说："这棵树叫桑树，它左边的那棵叫椿树，右边的是柳树，您吃的是桑树上结的果实，叫桑葚儿。"

刘秀点了点头又问邓羽："这里是什么地方？"

邓羽回答说："此处正是前野厂村，属于大兴县管辖。"

刘秀感慨地说："原来如此，邓将军，替孤想着，一旦恢复汉室，孤定封此树为王。"

10年之后，刘秀果然推翻了王莽，做了皇帝，但封树一事却早已忘记。一日梦中，忽有一老者向刘秀讨封，刘秀醒来后猛然想起当年之事，随即命太监带了圣旨去前野厂村封这棵桑树。

谁知那太监到了那桑林之后，被夏日的桑林美景迷住了，停停走走，直到黄昏，才想起了怀中的圣旨。可这时他又忘了刘秀向他描述的那棵树的样子和名称，只是隐约地记住了有3棵树，树干笔直，果实香甜。

当他找到那几棵树时，夕阳已经隐去。而此时的桑树果实已经采摘完了，只有椿树的果实正招摇地挂在枝头。那太监也不去细想，对着椿树便打开了圣旨。读罢圣旨，那太监便匆匆离去。

被封王的椿树高兴得手舞足蹈，而那曾经救驾的桑树却被气得肚肠破裂。自此，椿树长得又高又快，受到人们的尊敬。刘秀错封了树王，桑树越想越生气，到最后气破了肚皮，还留下一条裂缝，竟然成

了"气破肚"。

　　而长在桑树旁边的柳树，也为桑树打抱不平，桑树气它也气，桑树气破了肚，柳树扭伤了腰，成了"扭扭腰"。真是"赏罚不明，木也不平"啊！

　　桑树，多年生木本植物，属落叶乔木树种。树高可达16米，胸径可达1米。树体富含乳浆，树皮黄褐色。树冠呈卵圆形。

　　桑树的树干包括主干和支干两部分，在自然状态下，桑树有明显的主干和支干。从主干上分生出许多层树干，最后一次的分枝上着生许多叶片即枝条。这样多层分枝所形成高大的树形称乔木桑，多层分枝形成了树冠。

　　桑树的叶卵形或宽卵形，先端尖或渐短尖，基部圆或心形，锯齿粗钝，幼树之叶常有浅裂、深裂，上面无毛，下面沿叶脉疏生毛，脉腋簇生毛。

　　桑树的花是单性不完全花，有雌花和雄花之分。桑花无花瓣，只有萼片。雄花有花萼4片，每一萼片内有雄蕊1枚。雌花也有4片花萼，外面2片，内侧2片，两两相对，在萼片内有雌蕊1枚。

　　雌花受粉后，柱头逐渐枯萎，花萼和子房壁发育成多汁多肉的浆果，数十个小果集结在同一花轴周围，即形成桑葚。桑葚最初为绿色，逐渐变为红色，成熟时为紫黑色。桑葚淘洗后，可见淡黄色、扁卵圆形的桑种子。花期4月，果熟5月至7月。

桑树原产我国中部，后来南北各地广泛栽培。东北自哈尔滨以南，西北从内蒙古南部至新疆、青海、甘肃、陕西，西至四川、云南，南至广东、广西，东至台湾，尤以长江中下游各地为多。

垂直分布一般在海拔1.2千米以下，西部可达1.5千米。朝鲜、蒙古、日本、俄罗斯、欧洲及北美亦有栽培，并已归化。

桑树喜光，幼时稍耐阴，对气候、土壤适应性都很强。其耐寒性强，可耐零下40度的低温。桑树耐旱，也可在温暖湿润的环境生长，但桑树畏积水，积水时生长不良甚至死亡。

桑树耐瘠薄，但喜深厚、疏松、肥沃的土壤，能耐轻度盐碱。其根系发达，抗风力强。桑树生长快，萌芽力强，耐修剪，有较强的抗烟尘能力。桑树寿命长，一般可达数百年，个别可达千年。

桑树可用播种、扦插、压条、分根、嫁接等方法繁殖。其树形可根据功能要求和品种等培养成高干、中干和低干等形式。

例如：以饲蚕为目的栽培，多采用低干杯状整枝，以便于采摘桑叶；在园林绿地及宅旁绿化栽植则采用高干及自然之广卵形树冠为好。

桑叶是喂桑蚕的主要食料；桑树木材可以制家俱、农具，并且可以作小建筑材；桑皮可以造纸；桑条可以编筐；桑葚可以酿酒。同时，其叶、根、皮、嫩枝、果穗、木材、寄生物等还是防治疾病的良药。

经霜后采收的桑叶，称霜桑叶或冬桑叶。其味苦甘而性寒，入肺肝经，有疏风清热、凉血止血、清肝明目、润肺止咳之功效。常用于治疗风热感冒、肺热咳嗽、肝阳头痛眩晕、目赤昏花、血热出血及盗汗等症。

桑树的嫩枝，于春末夏初采收。其味苦性平，可祛风湿，通经络，利关节，行水气。多用于治疗风湿性痹痛、四肢拘挛、水肿以及身痒等症，尤擅疗上肢痹痛。

此外，把桑树的枝条烧灼后，可沥出汁液，名桑沥，《本草纲目》等书载其能治疗"大风疮疥"、破伤风、小儿身面烂疮等症。

冬季采挖桑根，除去其栓皮可作药用。味甘性寒，有泻肺平喘，行水消肿之功。常用于治疗肺热咳喘、痰多、水肿、脚气、小便不利等症。桑根带皮用亦可入药，书载其味微苦性平，能治疗惊痫、筋骨痛、高血压等。

桑葚为桑树结的果穗，夏季采收。味甘性寒，归心肝肾经，有补肝益肾、滋阴补血、生津润肠、熄风之功效。常用于治疗阴亏血虚之眩晕、目暗、耳鸣、失眠、须发早白及津伤口渴、肠燥便秘等。

桑树的枝叶和桑皮都是极好的天然植物染料。桑叶染色，在丝布与棉布的呈色很接近，可染出卡其黄，其中铝、锡媒染呈色稍鲜明些，黄褐色，呈带黄味的灰色。利用桑树枝叶染色为桑树产业发展开辟了一条新的通道，也为天然植物染色提供了新的原材料。

桑树树冠宽阔，树叶茂密，秋季叶色变黄，颇为美观，且能抗烟尘及有毒气体，适于城市、工矿区及农村四旁绿化。它适应性强，为良好的绿化树种及经济树种。

我国是世界上种桑养蚕和缫丝织绸最早的国家，这是中华民族对人类文明的伟大贡献之一。桑树的栽培已有4000多年的历史。商代的甲骨文中已出现桑、蚕、丝、帛等字形。到了周代，采桑养蚕已是常见农活。春秋战国时期，桑树已成片栽植。

在我国民俗文化中，桑树具有非常显著的地位。可能是因为桑叶作为养蚕业的原料，而获得神树的地位。《淮南子·主术》中有"汤之时，七年旱，以身祷于桑林之际"的记载。民间还有桑木可避邪的说法，其由来是这样的：

传说很久以前，在我国新疆鄯善境内住着一户人家，牧羊人和他的妻子、女儿。妻子温柔、贤淑，女儿聪明、乖巧。牧羊人还有一匹马、一条狗和一只公鸡，他的房屋周围种满了果树。

当果树开始结果时，牧羊人拿出一些树种，把妻子叫到一边，低声说："这是我父母留给我的桑树种子，把它种在果树中间较隐蔽处，桑木很珍贵，用它制作的武器可以除妖灭怪。有一个黑怪专门拔桑树苗，要小心提防。"

桑树种子种下后没几年，长成了一根根粗壮的桑树。牧羊人一家高兴极了，但又非常担忧黑怪来捣乱，时刻提防着。

一天，黑怪趁牧羊人不在家偷偷来拔桑树。这时狗叫了，公鸡也叫了，牧羊人的妻子拼命护着桑树，叫马儿去找牧羊人。

待牧羊人赶回时，妻子已被黑怪抓去，桑树也被砍断了好几根枝条。牧羊人气极了，本想去追赶黑怪，但想到桑树还在，黑怪肯定不会就此罢休，于是牧羊人就守护着桑树，等候黑怪。

果然，没过多久黑怪又来了。狗叫鸡鸣的，牧羊人用斧头砍向黑怪，可是斧子却反弹了回来。牧羊人又顺手拿起被黑怪砍下的桑树砸向黑怪，黑怪全身一哆嗦跑掉了。

这天，牧羊人就用桑树枝做了几支弓箭。待黑怪又来的时候，牧羊人用这桑木箭射中黑怪，黑怪负伤逃走了。

牧羊人的妻子被黑怪抓走后，小女孩非常想念母亲，常常站在桑树边掉泪。一次，小女孩的泪珠落在桑叶上，滚来滚去变成了蚕。不久，蚕吐出丝来，小女孩用蚕丝织了一块锦。

第二年，黑怪又来了，它作起妖法，让沙石砸向牧羊人的桑树、房屋、果木。它还用嘴喷火，想烧毁桑木。牧羊人用桑木箭射中了黑怪的胸部，黑怪又逃走了。

牧羊人带上弓和箭骑马追赶，马飞了起来；女孩儿带着狗坐在蚕丝编织的锦上，锦飞了起来；公鸡长鸣一声，也飞了起来。

飞过几座山，只见黑怪进入一个山洞。牧羊人追进洞内，连射几箭，黑怪倒地身亡。女儿跟着找到了被锁在笼子里的妈妈。牧羊人全家团圆后，他们种桑、养蚕、放羊、织锦，日子过得十分甜美。

我国古代人民有在房前屋后栽种桑树和梓树的传统，因此常以"桑梓"代表故土、家乡。古时桑树还寄托了人们对美好生活的向往。如孟子曾道：

五亩之宅，树之以桑，五十者可衣帛矣。

夏津县地处山东省西部平原、鲁冀两省交界处，历史悠久。夏津黄河故道国家森林公园即为老黄河之遗迹，公园南北长18千米，东西宽7千米，面积126平方千米。

黄河故道国家森林公园，是2000多年前古黄河的遗迹。公元前602年，黄河在河南商胡埽决口，滔滔河水裹挟着滚滚泥沙流经今夏津境内。

春秋战国时，为赵、齐等诸侯国会盟的关隘要津，夏津的名字也缘于此。公元11年，黄河改道留下这片狭长荒芜的沙滩地。

为防风固沙，当地百姓广植果树。清康熙十三年（1674），在朝遭贬的朱国祥就任夏津知县，晓谕百姓"多种果木，庶可免灾而裕才用"，此后历经几百年的封沙造林，至清朝中期已是林海茫茫、果木成片。

黄河故道国家森林公园微地貌类型复杂，岗丘密布，其间沙丘绵亘，树木茂盛，为平原地区少见。连绵起伏，长达5千米。当地有"攀树可行二十里"之说。新河道与旧河道相互交织，常现雾色重重、晴光叠叠之景象。

黄河故道国家森林公园内林木资源丰富，古树分布较广，古树林立在连绵不断的原始沙丘上，或群或孤、形态各异、生机盎然，是我国最大最

古老的人工园林，有"北方落叶果木博物馆"之美誉。

园内拥有全国最大的古桑树群，相传，明永乐年间，桑田超千亩，养蚕极盛。其中，颐寿园古桑树群形成于1392年，树龄逾600年。300年以上的古桑树有400多棵。

这里有著名的腾龙桑和卧龙桑。这两棵古桑树一高一矮，一壮一弱，那棵粗壮雄奇的就是腾龙桑；那棵矮小瘦弱的就是卧龙桑。这高大与矮小，强大与瘦弱，相映相衬，对比鲜明，相映成趣。

在火焰山南麓的鲁克沁绿洲深处，有一棵古老而粗大的桑树，约有300余年的历史。这棵树苍劲挺拔，树干粗壮，枝繁叶茂。

据传在清康熙年间，喀什噶尔的赛义德阿帕和卓一行到北京朝贡返回经过这里时，正值炎夏，便驻足于这个溪水环绕、绿树成荫的村落。赛义德阿帕和卓拖着疲倦的身子到水边阴凉处，将自己的拐杖插在河边，然后把头上的缠巾取下来挂在拐杖上，自己便躺下身来呼噜呼噜地进入了梦乡。

待他一觉醒来，已是黄昏时分。他惊讶地定睛一看，他的拐杖变成一棵大桑树，树冠恰似一条缠巾。从那时起，人们就把这棵大桑树叫作"戴斯塔居介木"，汉语意为缠巾桑树。

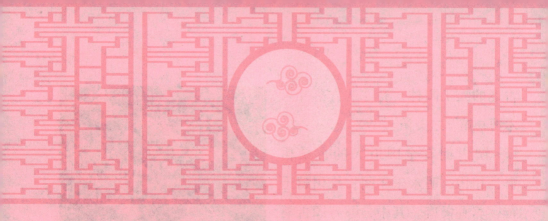

大叶梧桐——乌苏里江梓树

汉代时，大司马王莽想当皇帝，但皇位是刘家的，王莽听算命瞎子说刘家有个叫刘秀的男孩子，是天上管星宿的神仙下凡，非常厉害。王莽就想乘刘秀还是个孩子时，把刘秀杀死。

　　这个消息传到刘秀的耳朵后，刘秀就跑到山里当了放牛娃。

　　王莽追刘秀，追啊追，追了七七四十九天，从枣阳一直追到南漳，沿途全部是丘陵。在一个坡前，碰到一个放牛的老头儿。王莽问，看没看见一个放牛娃过去。

　　老头儿说，见过，已过万山。

　　王莽一听就泄气了，心想，这刘秀已经过了一万座山了，这说什么也追不上了，于是，收兵回营。刘秀终于逃过一劫。

　　后来，王莽又向旁人问路，才知道原来那座山的名字叫万山，这时，王莽把肠子都悔青了。于是，王莽又开始追刘秀。

　　王莽又在后头追呀追，刘秀又在前头逃呀逃，这回追逃了九九八十一天。忽然，山路拐了一个大弯子，刘秀绕过那个弯子，一

下子便不见了。

王莽在后面没有见到刘秀，恨不得搬石头砸天。

其实刘秀就藏在王莽脚底下秧田沟里的一大蓬马齿苋里。这时候，天上有几只老鹰在飞，老鹰眼睛尖，一下就看到刘秀了，老鹰们觉得自己有责任给王莽帮个忙，于是大叫："沟儿里，沟儿里！"

秧田沟旁边的田埂上长了一棵大梓树，树上落了一只老鸹。老鸹想帮助刘秀逃过一劫，便在树上大叫："胡说，胡说！"

老鹰和老鸹斗嘴斗得热闹，看热闹的木梓树忍不住了，一阵风吹过来，木梓树挺着身子"哗啦啦"地大笑，一不小心，把腰给闪了。一直到现在，世界上每一棵木梓树都歪歪扭扭，没有一棵是伸直的。

后来，刘秀长大后聚拢二十八宿打败王莽当了皇帝。因为老鹰曾经帮助过王莽，为此，刘秀非常憎恨老鹰，并惩罚它死无葬身之地；老鹰没有办法，临死前只好拼命地往天上飞，直到身体腐烂散架，才能入土。

老鸹、木梓树救驾有功，各奖银环一副，老鸹戴在脖子上，木梓树戴在果果上。

再后来，木梓果果还被刘秀带回皇宫做成蜡烛，说是专门晚上给皇帝陪驾；也可能是木梓树当年笑得太狠了，木梓果果蜡烛，一点燃就开始流泪，一辈子没干过。

木梓树，紫葳科，梓属。属于落叶乔木，高6米，最高可达15米。树冠伞形，主干通直平滑，呈暗灰色或者灰褐色，浅纵裂，嫩枝具稀疏柔毛。

圆锥花序顶生，长10厘米至18厘米，花序梗微被疏毛，长12厘米至28厘米；小苞片早落；花梗长3毫米至8毫米，疏生毛；花萼蕾时圆球形，2唇开裂，长6毫米至8毫米；花萼2裂，裂片广卵形，先端锐尖，花冠钟状，浅黄色，长约2厘米，二唇形，上唇2裂，长约5毫米，下唇3裂，中裂片长约9毫米，侧裂片长约6毫米，边缘波状，筒部内有2黄色条带及暗紫色斑点，长约2.5厘米，直径约2厘米。

蒴果线形，下垂，深褐色，长20厘米至30厘米，粗5毫米至7毫米，冬季不落；叶对生或近于对生，有时轮生，阔卵形，长宽近相，长约25厘米，顶端渐尖，基部心形，全缘或浅波状，常3浅裂，叶片上面及下面均粗糙，微被柔毛或近于无毛，侧脉4对至6对，基部掌状脉5条至7条；叶柄长6厘米至18厘米。

种子长椭圆形，两端密生长柔毛，连毛长约3厘米，宽约3毫米，背部略隆起。能育雄蕊，花丝插生于花冠筒上，花药叉开；退化雄蕊，子房上位，棒状。花柱丝形，柱头两裂。

梓树产于我国长江流域及以北地区、东北南部、华北、西北、华

中、西南。花期6月至7月，果期8月至10月。

梓树生于海拔500米至2500米的低山河谷，喜湿润土壤，野生者已不可见，多栽培于村庄附近及公路两旁。分布于长江流域及以北地区。

梓树喜光，稍耐阴，耐寒，适生于温带地区，在暖热气候下生长不良，深根性。喜深厚肥沃、湿润土壤，不耐干旱和瘠薄，能耐轻盐碱土。抗污染性较强。

梓树的抗污染能力强，生长较快，可利用边角隙地栽培。

梓树树体端正，冠幅开展，叶大荫浓，春夏黄花满树，秋冬荚果悬挂，好似满树挂着蒜薹一样，因此也叫蒜薹树，是具有一定观赏价值的树种。该种为速生树种，可作行道树、绿化树种。

梓树的嫩叶可食；根皮或树皮、果实、木材、树叶均可入药，能清热、解毒；种子亦入药，为利尿剂。木材白色稍软，可做家具，制琴底；叶或树皮亦可作农药，可杀稻螟、稻飞虱。

古时，皇帝称其皇后为"梓童"。有两种说法：

一种源自汉武帝时的故事，其中曾讲到卫子夫入宫，岁余不得见，涕泣请出。武帝则因夜梦"梓树"而幸卫子夫，从而得子，并立子夫为皇后。这或许就是帝称后为"梓童"的开始。

还有一种说法是皇帝的印章以玉雕成，称作"玉玺"；皇后的印章以梓木雕成，因此皇帝以"梓童"来称呼皇后。

古时，乡间多有梓树，故又引申为故乡的代称，梓里、桑梓。

相传皇帝的棺材就是用这种树的木料做成的，所以皇帝睡的棺材叫梓宫。

梓树，北方人叫它臭梧桐。梓树以高大的风姿，淡黄素雅的梓花，令人赏心悦目。唐朝诗人章孝标诗云：

梓桐花幕碧云浮，天许文星寄上头。

武略剑峰环相府，诗情锦浪浴仙洲。

丁香风里飞笺草，邛竹烟中动酒钩。

自古名高闲不得，肯容王粲赋登楼。

在《诗经·小雅·小弁》曰："维桑与梓，心恭敬上。"这是说家乡的桑树和梓树是父母种的，对它要表示尊重，后人用来比喻故乡，将回归故乡称为"回归桑梓"。

乌苏里江国家森林公园位于我国黑龙江东部边陲，中俄界江——乌苏里江左岸。距虎林市65千米。公园总面积25000多平方千米。

乌苏里江国家森林公园园内主要有植物400余种，其中就有乌苏里梓树。在暖风送来了生机勃勃的春天，桃树和梨树在春风雨露的滋润下争芳斗艳，梓树却默默地矗立在那里，吐出了嫩绿新芽。光秃的枝条却在默默地孕育着生机，把那别具一格的小红芽送上枝头，装点晚春。

盛夏季节，骄阳无情地炙烤着大地。那些经受不住炎炎烈日考验的草木，一个个耷拉着脑袋，无精打采。梓树却昂然挺立，绿荫如盖。阵风吹来，枝摇叶舞，好像在招呼辛劳的人们到它的凉伞下歇息、乘凉。

深秋时节，一阵秋风吹过，梓树无私地献出了自己的一切。它把自己的叶子染成各种颜色来装点深秋：有深红的，有浅红的，有紫色的……它尽情地点缀着萧瑟的大地。

寒冬降临，北风呼啸，各种树木只剩下光秃秃的枝丫了。它们的果实早被人们采摘完毕。而梓树这时却忠实地捧起它那累累的果实，献给那些勤劳的人们。

知识点滴

在我国古代，人们经常在自己家的房前屋后植桑栽梓，而且人们对父母先辈所栽植的桑树和梓树也心怀敬意。

除此之外，在我国古代，家族的墓地多依傍桑林而建，死者的墓前也经常栽种梓树。如《史记·伍子胥列传》中记载，伍子胥被吴王夫差赐剑自刎前曾对使者说过这样的话："必树吾墓上以梓，令可以为器。"

在古人的心目中，分枝再生能力极强的桑树和生长快速、材质优良的梓树都是生命之树，人们将它们视为灵木。

久而久之，桑树和梓树就成了故乡的象征，"桑梓"也就成了故乡的代名词。

柳宗元的诗《闻黄鹂》中写道："乡禽何事亦来此？令我生心忆桑梓。"意思是说，家乡的鸟儿为什么也飞到这儿来了？让我心中回忆起可爱的故乡。

爱情红叶——西山黄栌林

很久以前，一位60多岁的禹晴老人和自己16岁的女儿串红就生活在香山脚下。父女俩相依为命，老人每天都要上山采药、采蘑菇换钱，维持家计。串红聪明懂事，爹爹上山采药时她就在家纺线织布。

串红生来一双巧手，她在布上绣的花花草草活灵活现，就和真的一样。串红听别人说香山顶上有五朵彩云，她想把彩云织进布里，就央求爹爹带她去山顶看看，老人答应了。

第二天，父女俩早早起床，上了山。一路上，串红东看看、西瞅瞅，兴奋得不得了。快到山顶的时候串红渴得难受，老人望了望山顶说："先忍一会儿吧，等我们爬到山顶，我去阴坡挖些'苦露儿'给你解渴。"

这时，香山上的一条蛇妖瞅见了串红，看到串红美貌出众，像个仙女一样，蛇妖顿生爱慕之心。忽然它听到串红说口渴，十分高兴，觉得机会来了。于是从头上摘下几颗红珠变成了一嘟噜红山杏，挂在了半山腰的山杏树上。

香山漫山遍野都是山杏树，一到夏天，山杏挂满枝头，果实累累。可这时早已是秋天了，山杏早熟过了，怎么又长出一嘟噜红杏

呀？串红发现后又惊又喜，喊父亲来看。老头也觉得奇怪，可他闻了闻，还真是晚杏，就递给女儿让她吃了解渴。

串红接过来，张开小嘴刚吃了一个，老头点燃了烟斗，那树枝上的红山杏被烟一熏，突然变成了蛇蛋，一个一个地掉了下来。

老人大惊失色，知道中了邪，拉着女儿就要走。可是只见女儿满脸通红，禹晴老人知道这是中了毒。忙从刚才采的药材里翻出甜甘草和解毒草药，递给串红让她放在嘴里嚼，然后，拉起女儿的手就跑。

可是没跑出多远，串红就倒下了。老人急坏了，把女儿放在一块平坦的大石头上，自己准备下山去找泉水和解毒药。可是又怕女儿被虫子咬，就取出自己的烟叶包，揉成烟末，围着女儿撒了一圈，就急忙下山去了。

蛇妖在大石头后面看见串红倒在地上，又见老头急匆匆地下山了，心里甭提多高兴了。它急忙扑过去，可是那股烟味呛得它差点断气，它根本就没法接近串红。

蛇妖恨得咬牙切齿，它围着串红转了几圈，顿时计上心来，连忙赶到山腰，变出一座九天玄女庙，自己变成了庙里的"九天玄女娘娘"。

老人跑着跑着，看见山下有座玄女庙，他这时也是"有病乱求医"，已经忘了以前这里从来没有小庙，进了庙门就磕头："九天玄女娘娘在上，我女儿中了毒，望九天玄女娘娘慈悲，快救我女儿一命！一定年年给您烧香，月月上供，天天磕头。"

蛇妖听了老人的话暗暗发笑，这一笑倒好，从娘娘嘴里吐出了蛇信子来。老人看见吓得掉头就往外跑，歹毒的蛇妖把门槛变成了山涧，老人就这样掉进了悬崖，惨死在山谷里。

天上的九天玄女娘娘看见了人间发生的这一切，蛇妖竟敢冒充自己在人间为非作歹，所以她命两个仙女去捉拿蛇妖。

然后自己带着几位仙女，驾着五彩祥云，来到串红躺着的石头旁，把仙露洒在串红的脸上，不一会儿串红就坐了起来。

她仿佛在梦中，看见自己被这么多人围着，还有人在替自己擦去头上的汗。她发现不见了父亲，就向山谷里喊："爹爹！"山谷里也响起"爹爹——"的回声！

正在这时，两位仙女持剑押着一条大蛇请九天玄女娘娘发落，娘

娘用手一指，只听见一声霹雳，大蛇被劈开一条裂缝，应声向东倒去，化作一座小山卧在山下。

串红看不见爹爹十分伤心，她边跑，边哭，边喊："爹爹！"她哭啊，哭啊，爹爹怎么也不应声。她跑了一沟又一沟，过了一山又一山，她的嗓子哭哑了，嘴里吐出了鲜血；眼泪流干了，化作颗颗红珠，撒落在山坡上变成了"欧梨"。

她终于在山谷里找到了已经死去的父亲，她哭啊，哭啊，最后哭死在父亲的身边。她的哭声感动了九天玄女娘娘，于是娘娘将父女俩的魂魄收回天宫。

从这以后，在串红哭过的地方，无数的黄栌树像雨后春笋一样冒了出来。每当秋天来临的时候，整个香山漫山遍野全是红叶，像少女的红丝巾一样把香山打扮得格外漂亮。

　　人们都说，黄栌树那鲜红的叶片是串红一口口的鲜血染成的，因为她口里嚼过药材，所以至今那红叶还有一股药的香味呢!

　　黄栌，又名毛黄栌、红叶树、烟树，落叶灌木或乔木，高3米至5米。其树冠圆形或伞形，小枝紫褐色有白粉。树汁有强烈的气味。

　　黄栌单叶互生，其叶倒卵形或宽卵圆形，长3厘米至8厘米，宽2.5厘米至6厘米。叶先端圆形或微凸，基部圆形或阔楔形，全缘，两面或尤其叶背显著被灰色柔毛，侧脉6对至11对，先端常叉开。

　　黄栌花期为4月至5月，果熟期为6月至7月。其圆锥花序顶生，被柔毛。花单性与两性共存而同棵，花瓣黄色。花梗长7毫米至10毫米，花萼无毛，裂片卵状三角形，长约1.2毫米，宽约0.8毫米。

　　黄栌树的花瓣呈卵形或卵状披针形，长2毫米至2.5毫米，宽约1毫米，无毛。它的雄蕊，长约1.5毫米，花药卵形，与花丝等长，花盘5

裂，紫褐色。

其子房近球形，径约0.5毫米，花柱3，分离。不等长果序长5厘米至20厘米，有多数不育花的紫绿色羽毛状细长花梗宿存。核果肾形，径3毫米至4毫米。

黄栌树冠浑圆，树姿非常优美，它的茎、叶、果都有较高的观赏价值。

夏初黄栌开花后，其不育花的淡紫色羽毛状的花梗也非常漂亮。其簇生于枝梢，似云似雾，并且能在树梢宿存很久。成片栽植时，远望宛如万缕罗纱缭绕树间，故黄栌树又有"烟树"的美誉。

黄栌的叶秋后经霜变红，色彩鲜艳、美丽壮观。山上千树万树的红叶，愈到深秋，愈加红艳，放眼望去，漫山红彤彤的一片，像是从天而降的晚霞。其果形也很别致，成熟的果实颜色鲜红、艳丽夺目。

黄栌产于我国华北、浙江、山东、湖北、四川、陕西等省区，多生长于海拔600米至1500米的向阳山林中。

黄栌性喜阳光，能耐半荫。黄栌树也耐旱、耐寒、耐盐碱、耐瘠薄，但不耐水湿。其在深厚、肥沃而排水良好的沙壤土生长最好，常植于山坡上或常绿树丛前。

黄栌树的根系非常发达，但须根较少。秋季当昼夜温差大于10℃时，叶色变红。其生长迅速，萌蘖性强，对二氧化硫有较强抗性，可作为抗污染树种。黄栌的繁殖以播种扦插为主，也可用压条、分棵法繁殖。

黄栌叶子秋季变红，深秋时满树通红、艳丽无比，北京著名的西郊香山红叶即为本种。黄栌不仅是我国北方秋季重要的观赏红叶树种，也是良好的造林树种。

黄栌在园林造景中最适合城市大型公园、天然公园、半山坡上、山地风景区内群植成林，可以单纯成林，也可与其他红叶或黄叶树种

混交成林。黄栌在造景中，宜表现群体景观。

黄栌夏季可赏紫烟，秋季能观红叶，极大地丰富了园林景观的色彩，形成令人赏心悦目的图画。而在北方由于气候等原因，园林树种相对单调，色彩比较缺乏，黄栌可谓是北方园林绿化或山区绿化的首选树种。

黄栌的木材鲜黄，可提取黄色染料，并可制作家具、器具及建筑装饰、雕刻用材。树皮和叶可提制栲胶；枝叶入药有消炎、清热之功效。

香山红叶历来驰名中外，但香山红叶并非枫叶，而是黄栌树叶。黄栌的木质中含大量黄色素，故此得名。相传古代皇帝的龙袍，就是用这种树提炼的色素染成的。

每当霜秋节，香山东南山坡上，10万余棵黄栌树迎晖饮露，叶焕丹红，其间杂以柿、枫、野槭等树，如火似锦，极为壮美。乾隆年间所定"香山二十八景"中的"绚秋林"即指此处。

我国最早描写"香山红叶"的诗句是金代的周昂，他在游香山时写下的"山林朝市两茫然，红叶黄花自一川"诗句，描写了香山红叶的壮观。明人陈瓒在其《香山寺》一诗中用"清音递槛来双涧，秋色迎檐郁万枫"，绘出了秋意浓重，枫叶流丹的意境。

西山国家森林公园位于北京西郊小西山，地跨海淀、石景山、门头沟三区，永定河贯穿其中，将西山截为南北两段，至于距城区较近的翠微山、平坡山、卢师山、香山以及西山余脉荷叶山、瓮山等。总面积5970平方千米，是京郊风景区的重要组成部分，也是距北京市区最近的一座国家级森林公园。

西山国家森林公园属温带大陆性季风气候类型，地带性植被为温带夏绿阔叶林。这里动植物资源丰富，植物共计250余种，分属73科，主要树种有油松、侧柏、刺槐、黄栌等。

公园山林面积广阔，生活着许多种类的野生动物，兽类有10余种，鸟类有50余种，数种两栖类及爬行动物。

西山国家森林公园内，香山红叶闻名中外，为西山风景区中的一大奇观，也是"燕京八景"之一。黄栌树叶随着深秋气温的变化，那火红的颜色会越来越多，更加美丽迷人。

午后灿烂的阳光穿过火红的红叶的枝丫，远远看去好像燃烧的火山，一簇一簇的，妙不可言，真是美极了。

从9月底至10月底，这个时期是森林色彩最为丰富的季节，在五颜六色中，特别耀眼的是黄栌，如片片红霞，使人心醉。满目秋色中，还有亮丽的元宝枫，金灿灿的，变成了一座金库；片片落叶铺满林地，使整个山林变成了藏金宝地。

这红、黄的基调，又随着时令的变化和树木的生长过程，演化出嫩红、粉红、淡黄、橙黄等灿烂缤纷的秋色世界，组成了一幅惊艳绝伦的绚丽画卷。

西山红叶种类很多，大面积的是黄栌树，常见的还有野槭、柿、枫等。深秋时节，万山红遍，层林尽染，片片红叶在微风中闪烁，带给人们无限的惬意。极目远眺，远山近坡，鲜红、粉红、猩红、桃红，层次分明，似红霞缭绕，情趣盎然。

西山的森林四季佳景早已名扬京城，春季桃杏满坡，山野吐翠；夏季林木森森，浓荫蔽日；秋季红叶吐云，金风送爽；冬季松柏长青，银装素裹。

知识点滴

关于红叶，还有一个美丽的故事。在我国唐朝时一个秋天的早上，大学士于佑在皇城外的御河旁徘徊，随手在御河水面上拾起一片漂过的红叶。怎料，这红叶上面竟写了几行清秀的字："流水何太急，深宫尽日闲。殷勤谢红叶，好去到人间。"

于佑如获至宝，也到附近找了一片落叶，回了两句诗："……曾闻叶上红怨题，叶上诗题寄于谁？"他把红叶送到御河，让它流回宫中。

不久，唐僖宗放出后宫侍女3000人，让她们回到民间婚配。才子佳人终于喜结良缘。从此以后，红叶象征着火热的青春、浪漫的爱情。

常绿乔木林

　　常绿乔木是指终年都具有绿叶的乔木。这类乔木树叶的寿命是两三年或更长，并且每年都有新叶长出，在新叶长出的时候也有旧叶脱落，由于树叶陆续更新，它们终年都能保持绿色。

　　常绿乔木主要有箭毒木、云杉、桂树、女贞、香樟、红松等。这类乔木由于四季常青，因此它们常被用来作为绿化的首选植物。又因为它们能够常年保持绿色,因此其美化功效和观赏价值都很高。

神奇绿地——西双版纳毒木林

在云南的热带雨林中，生长着一种剧毒无比的树，人们常取其树汁和其他毒汁掺拌，来配制药液，并将它涂于弩箭之上射杀凶兽。凡中箭的动物，立即咽喉闭塞而死亡。为何这种树的汁液具有如此剧毒呢？

传说这种树是由人的毒血滋润长成的，因此它的树汁也有巨毒。

据说在很久以前，云南西双版纳傣族聚居地区发生过一次罕见的特大洪水。一夜之间村寨变成了汪洋，竹楼全被洪水冲垮、淹没，家养的畜禽也不见了踪影。只有爬上高山的人们，才得以保住性命。

洪水过后，大家推举一个叫洪波的男子为首领，带领大家重建家园。一天，洪波带领着寨中年轻力壮的小伙子上山伐木。可是这山林中却聚集着77只饿虎，上山之人屡被虎伤，还有不少人葬身虎腹。

为了消除虎患，洪波做了几张强弓硬弩，并带着寨中善于打猎的人上山打虎。可是，他们不

但没有猎到饿虎，反而有好多伙伴丧生虎腹或被饿虎咬伤，洪波本人也被饿虎咬断了手臂。从那以后，人们再也不敢上山伐木，只能挤在石洞里或住在大树上度日。

洪波见打虎不成，便找来许多毒草毒药熬成毒汁，然后把它们涂在几头幸存的黄牛身上去毒老虎。然而，那几头黄牛还没进入深山便中毒倒地身亡。

于是，洪波决定用自己的身躯去毒杀饿虎。洪波又找来带有剧毒的花草树木，熬制成一葫芦浓浓的毒汁后，带着它上山去毒饿虎。

洪波到达饿虎聚集的那座森林后，迅速将毒汁涂在身上，喝到肚里，并放声狂呼来吸引饿虎。结果，食了洪波尸体的77只饿虎，不久

纷纷倒地，中毒身亡。虎患消除了。

洪波被饿虎撕食之地流满了他的毒血，后来，这地方长出了一棵小树。这棵用毒血滋润的小树，最终成了一棵剧毒无比的树。

它就是被称为"毒木之王"的箭毒木，人们也叫它"见血封喉"，西双版纳傣语称之为"埋广"。

箭毒木，又名加独树、剪刀树、鬼树等，桑科见血封喉属常绿大乔木。树干粗壮通直，高大雄健，可达25米至30米之高，树皮呈灰色，具泡沫状凸起。

树冠庞大，枝叶四季常青，小枝幼时被粗长毛。茎干基部具有从树干各侧向四周生长的高大板根系。根系发达，抗风能力较强。

箭毒木的叶互生，二列，呈长圆形或长圆状椭圆形，长9厘米至19厘米，宽4厘米至6厘米。叶先端短渐尖，基部呈圆形或浅心形，不对称，全缘或具粗齿。上面亮绿色，疏生长粗毛，下面幼时密被长粗毛，侧脉10对至13对。叶柄长6毫米至8毫米，被有粗毛。

箭毒木于春夏之际开花，花黄色，单性，雌雄同株。雌花单生于具鳞片的梨形花序托内，无花被，子房与花序托合生，花柱2裂。

雄花密集于叶腋，生于一肉质、盘状、有短柄的花序托上，呈序头状。花序托为覆瓦状顶端内曲的苞片所围绕，花被片和雄蕊均为4，花药具紫色斑点。

箭毒木果期为秋季。其果肉质，梨形，呈紫黑色，成熟时呈鲜红至紫红色，长约1.8厘米。这种果实味道极苦，含有毒素，不能食用。

箭毒木的干、枝和叶子中均含有一种白色浆汁，这种汁液奇毒无比，见血就要命，是自然界中毒性最大的一种乔木，因此有"毒木之王""林中毒王"之称。

经分析化验，发现箭毒木的汁液中含有弩箭子苷、铃兰毒苷、铃兰毒醇苷、伊夫单苷、马欧苷，皆是剧毒之物，其毒性的传说并非耸人听闻。

箭毒木的白色浆汁毒性极强，其一旦经伤口进入人体，就会引起肌肉松弛、血液凝固、心脏跳动减缓，最终导致心跳停止而死亡；若不慎溅入眼中，眼睛会立即失明。

不仅如此，箭毒木燃烧时，如果烟气熏入眼里，也会引起失明。若人们不小心吃了它，心脏也会麻痹以致停止跳动。动物中毒症状与人相似，中毒后20分钟至2小时内死亡。

过去云南西双版纳的猎人常用箭毒木的浆汁涂在箭头上打猎，这种箭头一旦射中野兽，野兽很快就会因鲜血凝固而倒毙。

故民谚有："七上八下九不活"，意为被毒箭射中的野兽，在逃窜时若是走上坡路，最多只能跑上7步，走下坡路最多只能跑8步，不管怎样跑第九步时就要毙命。

箭毒木是一种生长在热带雨林里的桑科乔木植物，多分布在热带地区。见血封喉一属共有4种，我国只有1种，分布于云南西双版纳、

广西南部、广东西部和海南岛等地。

箭毒木常生于海拔1000米以下的山地或石灰岩谷地的森林中，其伴生树种主要有龙果、橄榄、高山榕、红鳞蒲桃、榕树、黄桐、蚬木、窄叶翅子树、大叶山楝等。

箭毒木主要分布区域热量丰富，长夏无冬，冬季无寒潮影响或寒潮影响甚微的地区，年平均气温多为21度至24度，

年降雨量1200毫米至2700毫米，干湿季分明或不太分明，空气湿度较大；年平均相对湿度在80%以上。多生长于花岗岩、页岩、砂岩等酸性基岩和第四纪红土上，土壤为砖红壤或赤红壤。

箭毒木可组成季节性雨林上层巨树，常挺拔于主林冠之上。其根系发达，基部具有高大的板根系。

板根是热带雨林中的一些巨树的侧根外向异常次生生长所形成的一些翼状结构，形如板墙，起附加的支撑作用。板根通常辐射生出，以3至5条为多，而且负重多的一侧板根也较为发达。

箭毒木不仅树干高大粗壮，十分沉重，还是浅根植物，而基部的高大板根系就可以很好地解决其"头重脚轻站不稳"的难题，这也使它的抗风能力也大大增强。风灾频繁的滨海地带，孤立木也不易受风倒，但生长高度往往比较矮。

尽管箭毒木说起来是那样的玄乎、可怕，实际上它也有很多可爱、可用之处。

箭毒木的树皮特别厚，富含细长柔韧的纤维，可以编织麻袋和制

绳索。它的材质很轻，可作纤维原料。经过处理，它的树干还可以作为软木使用。

云南西双版纳的少数民族还常巧妙地利用它制作褥垫、衣服或筒裙。将树皮剥下后，一般要放入水中浸泡1个月左右，再放到清水中边敲打边冲洗，这样做可以除去毒液，脱去胶质。

之后，将其晒干就会得到一块洁白、厚实、柔软的纤维层。用它做的树毯、褥垫舒适耐用，睡上几十年还具有很好的弹性；用它制作的衣服或筒裙既轻柔又保暖，深受当地居民的喜爱。

此外，箭毒木的毒液毒性虽强，但其成分具有加速心律、增加心血输出量的作用，在医药学上有研究价值和开发价值。

人们可以从其树皮、枝条、乳汁和种子中提取强心剂和催吐剂，这种植物在治疗高血压、心脏病等方面有独特的疗效。

箭毒木是组成我国热带季节性雨林的主要树种之一，为了保护箭毒木在内的热带雨林资源而建立的西双版纳热带雨林保护基金会，已经在西双版纳生态州建设、环境改善及热带雨林保护与恢复中发挥着积极的作用。

此外，林业部门也对各地发现的箭毒木古树建档管理并将其列为保护对象，以此来提高人民的保护意识，从而更好地保护这些珍稀资源。

云南西双版纳是一个神奇的地方，有5000多种热带动植物云集在这近20000平方千米的土地上，也是大象、绿孔雀、长臂猿、野牛等珍禽异兽的乐园。

这些都是大自然在西双版纳上精心绘制的美丽画卷，可以让人们完全领略到热带风情。而西双版纳国家森林林公园更是其中的一个亮点。

步入森林公园，映入眼帘的便是具有热带地区特色的植物：错落而有序的椰树、油棕、蒲葵、鱼尾葵、槟榔，巨大的树叶随风飘荡。

在原始热带雨林景区，只见密密匝匝的森林遮天蔽日，藤蔓交错，盘根错节。上层乔木有千果榄仁、绒毛蕃龙眼、毛麻楝、天料木等。

箭毒木这种有毒王之称的乔木，在西双版纳景洪市和勐腊县的一些地区都有生长。在西双版纳景洪市勐罕镇的曼桂

民族神话园北侧200米处，有一棵长着板根的箭毒木。这棵毒树高约27米，主干上附生着绞杀植物。毒树虽然已被绞杀植物的气生根紧紧缠住，但树势仍然不衰。

西双版纳勐腊城区的百象山上，也生长着一株40多米高的云南箭毒木。这株毒木，树干笔直挺拔，繁茂枝叶形若绿伞。其根基部长有3块板根，其中最大一块板根，面积有4平方米。

最便于人们参观的箭毒木，在西双版纳勐仑植物园生态站东侧的一棵百年老树。树高约40米高，胸径2米多，树身被一株树势旺盛的绞杀榕所缠，根部已出现了空洞。但枝干粗壮，伞形树冠仍然苍翠碧绿。

知识点滴

箭毒木之所以又被称为"见血封喉"，还有另外一种说法。

相传，很久以前，在云南省西双版纳有一位勇敢的傣族猎人。

一天，猎人和伙伴们外出打猎时，遇上了一只猛虎。勇敢的猎人并未慌张，拉弓向老虎射了一箭。不料，这一箭并未将老虎射死，反而使其疯狂地向猎人扑去。

机敏的猎人就近爬上了一棵大树，匆忙间折断一根树枝就使劲朝猛虎的嘴扎去。结果，奇迹发生了，老虎立即倒地而死。

从那以后，西双版纳的猎人知道了这种植物有剧毒，并且学会了把这种树的汁液涂于箭头用于狩猎。傣族人称这种树为"戈贡"，因其能使动物中箭后迅速死亡而得名"见血封喉"。

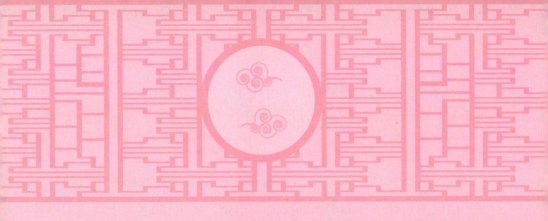

固沙大王——内蒙古沙地云杉

克什克腾大草原，地处内蒙古高原与大兴安岭南端山地和燕山余脉七老图山的交会地带，很久以前，这里就是一个水草丰美、百花盛开的地方。在这里，牧民们过着无忧无虑、幸福快乐的生活。

可是，有一天，突然来了一个神通广大的魔王。它不仅施法毁灭

了半个草原，还向人们发布了一道命令：每天都要给它送去3头牛和10只肥羊。更可恨的是，每逢初一、十五，还要送去一对童男童女供它享用。

面对这些无理要求，人们无法接受，他们决定同恶魔拼死搏斗到底，以保卫后代子孙和美丽的家园。于是，各由100名勇士组成了弓箭队、棒子队和套索队。这300名勇士告别了父老乡亲，去征讨十恶不赦的魔王。

进到山里后，勇士们见那魔王正站在洞口前。100名弓箭手先冲了上去，对准魔王，利箭齐发，有1000多支箭射在了魔王身上，只听噼噼啪啪一阵响，魔王身上的箭羽都被击落到了地上，但魔王却毫发无损。

这时，100名棒子队员又冲了上去，他们围住魔王举棒就打。可魔

王毫不理睬。

弓箭、棒子都对付不了魔王，于是第三批勇士挥舞套索，大声呐喊着冲向了魔王。霎时，100条套索紧紧地套住了魔王的粗脖子。不料，那魔王伸出满是黄毛的利爪，只几下就将全部的套索扯断了。接着，魔王鼻子只哼了一声，勇士们便被震得纷纷后退。

之后，魔王又从腰间解下一条黄腰带迎风一晃，那腰带立时变得又粗又长。只见魔王轻轻一抖，300名勇士便被圈进大套索里，再也动弹不了了。

就在这万分危急的时候，只见从东南方向飞来一黑一白两匹骏马。黑马背上驮着一个男孩儿，白马背上驮着一个女孩儿。

两个孩子都是一身绿色装束，年纪都在十一二岁左右。被魔王困住的300名勇士，一见来的两个孩子正是准备要给魔王纳贡的一对童男童女，都急得大声喊起来："你俩快回去，不要来白白送死！"

可是，两个孩子就像没听见似的，泰然自若地来到魔王跟前，大声说道："魔王！你不是想吃童男童女吗?我们来了！"

原来，这对童男童女是一对孪生兄妹，男孩叫特古斯，女孩叫乌兰其其格，兄妹二人从小就很机敏勇敢。自从魔王霸占了克什克腾草原以后，兄妹二人就在暗地里观察魔王的行踪。

很快，他们发现了一个秘密：魔王居住的附近寸草不生，除了石头就是黄沙。特古斯揣摩了半天，终于有了主意。于是，他和妹妹一商量，两个人就去找阿爸阿妈请求出战。

果然，那魔王非常害怕绿色，他一看到这两个孩子便立刻闭上了眼睛，一连后退了好几步。特古斯和乌兰其其格趁机立刻跃马冲上前去，挥舞宝剑刺瞎了魔王的双眼。

那魔王疼得"哇哇"大叫掉头就逃。特古斯和乌兰其其格纵马急追。眼看就要追上了，不料，魔王从怀里又掏出一条黄腰带迎风一晃。只听"唰啦"一声，两个孩子连人带马都被缠了起来，而且越缠越紧。这时，魔王转过身来，伸出一只魔爪抓向兄妹二人。

就在瞎眼的魔王靠近身边的时候，特古斯和乌兰其其格奋不顾身地拼尽全力将两把利剑一齐插入了魔王的心窝。作恶多端的魔王终于被杀死，特古斯兄妹也都在魔爪下牺牲了。

后来，英勇牺牲的特古斯兄妹和300名勇士，一齐变成了一种大树，它们高高地耸立在山脚下，一年四季保持着绿色，来抵御着从大西北吹来的风沙，勇敢地捍卫着克什克腾大草原。人们为了纪念勇士们，称它们为"沙地云杉"。

多少年过去了，特古斯兄妹为民除害的故事却一直在大草原上广为传诵着。居住在沙地云杉林周边的蒙古族人民，一直都把云杉尊为"神树"。

沙地云杉，俗称红波臭，又称白千，属常绿乔木。树冠尖塔形，树高可达45米，胸径80厘米至100厘米，树皮灰褐色或红褐色。叶长1厘米至2厘米，粗壮稍弯曲，先端微尖或极尖。球果长5厘米至16厘米，栗褐色。种鳞倒卵形。花期在4月至5月，种熟期在9月至10月。

沙地云杉的物种特征非常明显，它耐沙土，耐干旱，耐高寒，耐冰挂，而且侧根非常发达，适应干旱和沙质土地，既能调节气候、净化环境，又能防风固沙、保护草原。

沙地云杉由于长期生长于干旱、贫瘠的沙地上，形成了许多适应于严酷环境的形态特征和生理特点。

沙地云杉的树冠灰蓝绿色，针叶被覆白色蜡质，当年生枝条被密毛，这些特征在某种程度上可以起到减轻强光辐射的高温灼烧作用。

沙地云杉的部分针叶干枯、变黄，乃至脱落，三四年针叶脱落较多，这可以有效减少蒸发的面积，降低水分消耗。

沙地云杉是浅根系树种，它的侧根系较发达，形成网状根系。沙地云杉生长在10米至100米深的土地上，其根长是树干的3倍。由于它的根系蔓延交织，盘根错节，所以可以聚拢散碎的细沙，对防风固沙有特殊效果。

沙地云杉是世界上仅存的两种红皮云杉之一，世所罕见，有"神树""活化石"之称。我国的沙地云杉全部生长在内蒙古自治区，集中成片的只有2000多公顷，都集中在克什克腾旗的白音敖包。

这里的沙地云杉的树龄大的有五六百年，树龄小的也有100年之

久，被称为镶嵌在沙漠上的"绿色宝石"，而当地的牧民更是把它称为"神树"。而且沙地云杉生存的年代久远，再加上它顽强的生命力，所以沙地云杉又被学术界称为"生物基因库""生物活化石"。

白音敖包的生态环境十分恶劣，属大兴安岭山地向蒙古高原的过渡地带，除敖包主峰外，全部是沙丘。地表仅有30厘米至50厘米的腐殖质灰色森林土，而且土质松散、贫瘠。这里的气候日较差和年较差大，寒暑剧变。

连绵不断的沙地云杉，刚劲威猛，它浑圆高大的躯体里满贮着旺盛的生命活力，而它那扎入沙地深处的根须，则体现了它对生命的执着。乾隆皇帝观赏沙地杉林时曾发感慨：

我闻松柏有本性，经春不融冬不凋。
凌空自有偃盖枝，讵无盘层傲雪霜。

沙地云杉木质细腻，纹理通直，是建筑和制作家具的上好材料。因为它声学性能良好，还是制作乐器的重要用材。云杉还可以采脂制作成松香、松节油。

云杉树姿优美，是美化环境的首选树种。云杉不仅创造了沙漠生命的奇迹，还以其不畏严寒、傲然挺立的雄姿赢得了人们的青睐。

为了更好地保护沙地云杉，我国已在其成片林所在地白音敖包建立自然保护区。而合理的开发能进一步地保护树种，这样亦能带来良好的生态效益、社会效益。

为此，一方面加大宣传力度，普及生态知识，提高人们保护生态环境的自觉性；另一方面，利用沙地云杉的生态习性，向全国推广建立造林基地，可以扩大繁育基地，使现有的森林资源能最大限度地发挥其生态、经济、社会效益，更好地经营现有森林达到林业的可持续发展。

白音敖包国家级自然保护区位于克什克腾旗经棚镇西北75千米草原深处。保护区总面积为13800多平方千米，主要保护对象是世界仅存的珍稀的沙地云杉林生态系统。根据保护区的特点将保护区规划为核心区、缓冲区、实验区3个功能区。

这片保护区处于大兴安岭山地向蒙古高原的过渡地带，东接大兴安岭南端西侧的低山丘陵，西部与锡林郭勒草原相连。

地势南高北低，以南部的白音敖包山为最高点。属寒温带半干旱森林草原气候，四季变化明显，昼夜温差大。地下水位低，分布的主要河流有贡格尔河和敖包河。

白音敖包的沙地云杉林，林势雄伟，挺拔俊秀，雍容壮观，树型似塔，躯干挺拔，枝条横生，干紫红、叶翠绿，无论是炎炎盛夏还是冽冽寒冬，它都翠绿欲滴，攀坡漫生，绵延不绝，犹如一道沿山而筑的绿色长城。每当风吹林海时，松涛声声，绿波起伏，其势如潮。

这一片神奇的沙地云杉林，千百年来就像忠诚的卫士一样辛勤地护卫着这片土地和这片土地上的生灵，抗御着严寒、干旱和风沙，改善和调节着北方的自然环境。

保护区内除了沙地云杉外，还有维管束植物68科239属460多种，

其中单种科和寡种科植物是总数的87.7%，还有哺乳动物38种，国家二级保护鸟类27种。保护区的建立，为沙地云杉的保护与繁衍奠定了坚实的基础。

白音敖包一年四季风光各不相同。

春来风暖日长，一双舞燕，万点飞花，满地斜阳。林中松杉桦柳连枝交叶，竞向参天，在蒙蒙细雨中犹如待嫁的新娘，满面羞容，亭亭玉立。

夏来草长莺飞，杂树生花。山丹花红艳灼灼，山梨花满树披雪，那浓浓的芳香沁人肺腑甜透心。各式各样的花儿把林间隙地点缀得五彩缤纷，绚丽斑斓。山脚下林带边那时隐时现的小河流出郁郁葱葱的森林，流向那茫茫的草原，隐匿在达里诺尔湖浩荡的波涛中。

阵阵秋风抹过，焰霞蹿动，红叶映天，果上枝头，层林尽染。白桦枝上鸟鸣唧啾，流水叮咚，鹿走禽飞。若到秋雨连绵的时节，置身林间，踏着地上厚厚的、软软的苔藓，可以体味一番苏轼"天欲雨，云满湖，楼台明灭山有无，水清石出鱼可数，林深无人鸟相呼"的意境。

冬来风霜已落，百草枯黄，万花纷谢。皑皑莽原，只有云杉枝繁叶茂，一派生机。这时是滑雪狩猎的好时机。云杉不仅创造了沙漠生命的奇迹，还以其不畏严寒、傲然挺立的雄姿赢得人们的青睐。

关于白音敖包的沙地云杉林还有这样一个传说。

很久以前的一天，太阳落山时，突然天空中霞光万道，彩云飞舞，万鸟齐鸣。这神奇的现象一直持续到太阳落山后。

第二天，当人们一觉醒来，开门一看，惊呆了，只见远处山坡上长满了高大挺拔的松树，这就是后来人们所说的沙地云杉。百姓们开心极了。不久，一位声望很高的大喇嘛途经此地，在森林里观望了很久，于是，在林间空地建造了一座喇嘛庙。从此，一年四季来朝拜的人络绎不绝，终日香火不断。

当大喇嘛决定离开这里的时候，寺院里所有的喇嘛都跪拜送行。大喇嘛飘然向西而去，这片树林也慢慢地向大喇嘛离去的地方移动。人们担心这片树林会离开这里，于是就做了一条铁索链子，将带头移动的树王锁住。从此后，沙地云杉林就这样世世代代留在这片沙地之上，保一方平安。

知识点滴

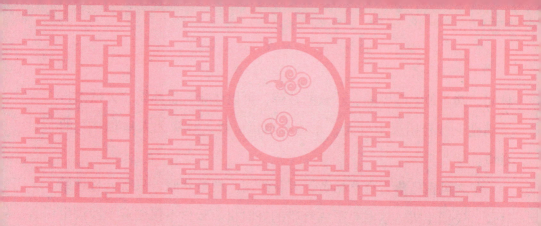

月宫之树——五老峰桂树林

　　传说古时候在两英山下，住着一个卖山葡萄酒的寡妇，她为人豪爽善良，酿出的酒，味醇甘美，人们尊敬她，称她仙酒娘子。

　　一年冬天，天寒地冻。一天清晨，仙酒娘子刚开大门，忽见门外

躺着一个骨瘦如柴、衣不遮体的汉子，看样子是个乞丐。仙酒娘子摸摸那人的鼻口，还有点气息，就把他背回家里，先灌热汤，又喂了半杯酒。

那汉子慢慢苏醒过来，感激地说："谢谢娘子救命之恩。我是个瘫痪人，出去不是冻死，就是饿死，你行行好，再收留我几天吧！"

仙酒娘子为难了，常言说"寡妇门前是非多"，像这样的汉子住在家里，别人会说闲话的。可转念一想，总不能看着他活活冻死、饿死啊！终于点头答应，留他暂住。

果然不久，关于仙酒娘子的闲话很快传开，大家对她疏远了，到酒店来买酒的一天比一天少。但仙酒娘子忍着痛苦，尽心尽力照顾那汉子。后来，人家都不来买酒了，她实在无法维持下去，于是那个汉子也就不辞而别了。

仙酒娘子放心不下，到处去找，在山坡遇一白发老人，挑着一担干柴，吃力地走着。仙酒娘子正想去帮忙，那老人突然跌倒，干柴散

落满地，老人闭着双眼，嘴唇颤动，微弱地喊着："水、水、……"
荒山坡上哪来水呢？仙酒娘子咬破中指，顿时，鲜血直流，她把手指
伸到老人嘴边，老人忽然不见了。

一阵清风，天上飞来一个黄布袋，袋中贮满许许多多小黄纸包，
另有一张黄纸条，上面写着：

月宫赐桂子，奖赏善人家。

福高桂树碧，寿高满树花。

采花酿桂酒，先送爹和妈。

吴刚助善者，降灾奸诈滑。

仙酒娘子这才明白，原来这瘫汉子和担柴老人，都是月亮上的神

仙吴刚变的。

吴刚送仙酒娘子桂子的消息很快传开了。仙酒娘子家附近的人都来索桂子。善良的人把桂子种下，很快长出桂树，开出桂花，满院香甜。

人们摘下这桂花酿成美酒。但心术不正的人，种下的桂子就不会生根发芽，使他感到难堪，从此洗心向善。

领到桂子的人们都很感激仙酒娘子，因为是她的善行，感动了月宫里管理桂树的吴刚大仙，才把桂子酒传向人间，从此人间才有了桂花树与桂花酒。

在我国古代，自从桂花酒出现后，关于桂花树的神话传说就不断出现，其中之一是这么说的。在很久以前，咸宁这个地方发生了一场

瘟疫，人们用各种方法都不见效果，死去了三分之一的人。

在挂榜山下，有一个勇敢、忠厚、孝顺的小伙子，叫吴刚，他母亲也病得卧床不起了，小伙子每天上山采药救母。

一天，观音东游归来，正赶回西天过中秋佳节，这天路过，见小伙子在峭壁上为母采药，深受感动。

于是，晚上观音托梦给他，说月宫中有一种叫木樨的树，也叫桂树，开着一种金黄色的小花，用它泡水喝，可以治这种瘟疫；挂榜山上在八月十五时，有天梯可以到月宫摘桂花。

这天晚上正好是八月十二，还有三天就是中秋节了。上到挂榜山顶要过七道深涧，上七处悬崖绝壁。最少需要七天七夜，可时间不等人，过了今年八月十五，错过了桂花一年一次的花期，还要等一年。

吴刚历经千辛万苦，终于在八月十五晚上登上了挂榜山顶，登上了通向月宫的天梯。

八月正是桂花飘香的时节，天香云外飘。吴刚顺着香气来到桂花树下，看着金灿灿的桂花，见着这天外之物，好不高兴，他就拼命地摘呀摘，总想多摘一点回去救母亲、救乡亲。

可摘多了他抱不了，于是他想了一个办法，他摇动

着桂花树，让桂花纷纷飘落，桂花掉到了挂榜山下的河中。顿时，河面清香扑鼻，河水被染成了金黄色。

人们喝着这河水，疫病全都好了，于是人们都说，这哪是河水呀，这分明就是一河的比金子还贵的救命水，于是人们就给这条河取名为金水。后来，又在金字旁边加上三点水，取名"淦河"。

这天晚上正是天宫的神仙们八月十五的大集会，会上还要赏月、吃月饼。这时桂花的香气冲到天上，惊动了神仙们，于是派差官调查。

差官到月宫一看，见月宫神树、定宫之宝桂花树上的桂花全没有了，都落到了人间的河里，就报告给了玉帝。玉帝一听大怒。玉帝最喜欢吃月桂花做的月饼了，于是就派天兵天将将吴刚抓来。

　　吴刚被抓后，把当晚发生的事一五一十地对玉帝说了。玉帝听完也不好再说什么，打心眼里敬佩这个年轻人。可吴刚毕竟是犯了天规，不惩罚他不能树玉帝的威信。于是，玉帝问吴刚有什么要求，吴刚说他想把桂花树带到人间去救苦救难。

　　于是玉帝想了一个主意，既可惩罚吴刚，又可答应吴刚的要求，他说，只要你把桂花树砍倒，你就拿去吧！于是吴刚找来大斧砍了起来，想快速砍倒大树，谁知，玉帝施了法术，砍一刀长一刀，这样吴刚长年累月地砍，砍了几千年。

　　吴刚见砍不倒树，思乡思母心切，于是他在每年的中秋之夜都丢下一支桂花到挂榜山上，以寄托思乡之情。

　　年复一年，于是挂榜山上都长满了桂树，乡亲们就用桂花泡茶喝，咸宁再也没有了灾难。

桂花树，又名汉桂、木樨，常绿阔叶乔木。其树姿飘逸，碧枝绿叶，四季常青，香气怡人。其树高可达15米，长着两三根赤褐色的主干。

主干上还长着一些树枝，这些树枝伸向四方，远远望去，整棵桂花树像一把撑起来的伞。其树皮粗糙，灰色或灰白色，有时显出皮孔。

桂花树的叶面光滑，革质，近轴面暗亮绿色，远轴面色较淡，但背面很粗糙。叶长，椭圆形或卵形、倒卵形，长5厘米至12厘米，端尖，基楔形，全缘或上半部有细锯齿。

桂花树花期在9月至10月，开花后叶子开始变黄，在这密密麻麻的叶子里面隐藏着一簇簇米黄的小桂花，每朵桂花都有4片花瓣。其花簇生叶腋或聚伞状；花较小，黄白色，有浓香。核果呈椭圆形，紫黑色。

桂花树在我国的栽培历史达2500年以上，其经过长时间的自然生长和人工培育，已经演化出很多的桂花树品种，大致可将其分为丹桂、金桂、银桂和四季桂4个品种。

丹桂花朵颜色橙黄，气味浓郁，叶片厚，色深。一般秋季开花，花色很深，主要有橙黄、橙红和朱红色。

金桂花朵为金黄色，且气味较丹桂要淡一些，叶片较厚。金桂秋季开花，花色主要以柠檬黄与金黄色等为主。

银桂花朵颜色较白，稍带微黄，叶片比其他桂树较薄，花香与金桂差不多不是很浓郁。银桂开花于秋季，花色以白色为主，呈纯白、乳白和黄白色，极个别特殊的会呈淡黄色。

四季桂的花朵颜色稍白，或淡黄，香气较淡，且叶片比较薄。与其他品种最大的差别就是它四季都会开花，但是花香也是众多桂花中最淡的，几乎闻不到花香味。也有很多人将四季桂称为月月桂。

桂树原产我国西南喜马拉雅山东段、西南部，四川、陕西南部，云南、广西、广东、湖南、湖北、江西等地，这些地方均有野生桂花生长，后广泛栽种于淮河流域及以南地区。其适生区北可抵黄河下游，南可至两广、海南，在长江中下游地区极为常见。

桂树喜欢温暖湿润的气候，耐高温而不甚耐寒，为亚热带树种。桂花叶茂而常绿，树龄长久，秋季开花，芳香四溢，是我国特产的观赏花木和芳香树。

我国桂树集中分布和栽培的地区，主要是岭南以北至秦岭、淮河以南的广大热带和亚热带地区。该地区水热条件好，降水量适宜，土壤多为黄棕壤或黄褐土，植被则以亚热带阔叶林类型为主。

在这样的气候条件孕育和影响下，桂花生长良好，并形成了湖北咸宁、湖南桃源、江苏苏州、广西桂林、浙江杭州和四川成都有名的桂花商品生产基地。

桂花对土壤的要求不太严，除碱性土和低洼地或过于黏重、排水不畅的土壤外，一般均可生长，但以土层深厚、疏松肥沃、排水良好的微酸性沙质壤土更加适宜。

桂花终年常绿，枝繁叶茂，秋季开花，芳香四溢，可谓"独占三秋压群芳"。在园林中应用普遍，常作园景树，有孤植、对植，也有成丛成林栽种。

在我国古典园林中，桂花常与建筑物、山、石在一起，以丛生灌木型的植棵植于亭、台、楼、阁附近。旧式庭园常用对植，古称"双桂当庭"或"双桂留芳"。

在住宅四旁或窗前栽植桂花树，能收到"金风送香"的效果。桂花对有害气体——二氧化硫、氟化氢有一定的抗性，也是工矿区的一种绿化的好花木。

桂花树是制作高档家具和雕刻的优质材料。桂花树坚实如犀，材质细密，纹理美观，有光泽，不破裂，不变形，以其制成的家具及雕刻的木器经久耐用，且长久散发桂花清香。

桂花茶有清香提神功效。桂花经沸水稍烫后捞起晾干，密封于瓶里，以保持颜色和香气，可作为食品香料。还可以压缩于瓶中作桂花糕。

每年中秋月明，天清露冷，庭前屋后、广场、公园绿地的片片桂花盛开了，在空气中弥漫着甜甜的桂花香味，冷露、月色、花香，最能激发情思，给人以无穷的遐想。广西桂林也因桂花树成林而得名。

农历八月，古称桂月，此月是赏桂的最佳时期，又是赏月的最佳月份。八月桂花，中秋明月，自古就和我国人民的文化和生活联系在一起。

许多诗人吟诗填词来描绘它、颂扬它，甚至把它加以神化，嫦娥奔月、吴刚伐桂等月宫系列神话，月中的宫殿，宫中的仙境，已成为历代脍炙人口的美谈，也正是桂花把它们联系在一起。桂树竟成了"仙树"。宋代韩子苍诗道：

> 月中有客曾分种，世上无花敢斗香。

李清照称桂花树为"自是花中第一流"。

桂花的名称很多，因其叶脉形如圭而称"桂"，因其材质致密，纹理如犀又称"木樨"，因其自然分布于丛生岩岭间而又称"岩桂"，因开花时芬芳扑鼻，香飘数里，因而又叫"七里香""九里香"。古人对桂花开花的天气条件，有大量记载。唐代王建在《十五夜望月》中有"冷露无声湿桂花"；柳宗元有"露密前山桂"；白居易有诗云：

> 天将秋气蒸寒馥，月借金波摘子黄。

宋代曾记载：

> 月待圆时花正好，花将残后月还亏。
> 须知天上人间物，同禀清秋在一时。

宋代陆游有诗：

> 重露湿香幽径晓，斜阳烘蕊小窗妍。

　　许多桂花古树是历史的见证。桂花古树也为文化艺术增添光彩，它们是历代文人咏诗作画的题材，往往伴有优美的传说和奇妙的故事。

　　桂花古树是研究自然史的重要资料，它的复杂的年轮结构，蕴涵着古水文、古地理、古植被的变迁史，其对研究树木生理也具有特殊意义。所以，人们应该好好保护这种资源。

　　为了保护桂花古树，各地可以组织专业人员或成立桂花协会，进行寻访调查，分级登记，备卡立档。采取多种保护措施，如设避雷针防止雷击；适时松土、浇水、施肥，防治病虫害；有树洞者加以填堵，以免蔓延扩大；树身倾斜、枝条下垂者用支架支撑等。

　　此外，还应采取各种手段对濒危古树名木抢救复壮。如采用根部换土，在地下埋树条并铺上上大下小的梯形砖或草皮，增加通气性等技术措施，使一批日趋衰朽的古树重新焕发活力。

五老峰国家森林公园位于山西永济东南，地处晋、秦、豫三省交会之黄河金三角，东临塔儿园，西靠雪花山，北依虞乡镇，南接芮城县，是中条山脉南端的一部分。

其面积有200平方千米，境内山峰叠嶂连绵，高耸挺拔，是一座以山峰奇秀、清泉灌顶而著称于三晋大地的名山。历史上曾有"东华山"之誉称。

五老峰由玉柱锋、太乙坪峰、棋盘山、东锦平峰、西锦平峰组合而成。五老峰原名五老山，因古代五老在此为帝王授《河图》《洛书》而得名。《周易》成书之前，这里是河洛文化早期传播的圣地。

唐宋以来，宗教的兴盛进一步繁荣了五老山的道教文化，山中观庵簇拥，寺院林立，香火缭绕，朝客云集。

明万历十九年，也就是1591年，明神宗亦慕名而至，朝山进香，于农历七月初一至十五朝山庙会，所以有"道家天下第五十二福地"之称，被誉为我国北方道教文化名山。

五老峰与晋北佛教圣地五台山南北对峙，齐名天下，有"晋北拜佛五台山，晋南问道五老峰"之说。寺、观、庙、宫遗址上下大小有64处，险峻秀丽的自然风光与丰富深邃的人文内涵，形成了这里的资源特色。

据记载，五老峰也称五臣峰。当年唐朝曾有5位元老为立大唐江山，于七月初一被隋军包围于玉柱峰，为保唐高祖李渊的安全，5位元老从玉柱峰西舍身崖下留得忠名。后唐明皇李隆基加封五老名。

五老峰国家森林公园风景秀丽宜人，四季风光变幻无穷，生态环境优美，动植物种类繁多。奇特的喀斯特地质地貌造就了许多罕见奇

观，具有雄、险、奇、秀、仙之特点。《水经注》称：

奇峰霞举，孤标秀出，罩络群峰之表，翠柏荫峰，清泉灌顶。

五老峰国家森林公园内的桂花树四季常青，树冠圆整，叶大浓绿，蔚为壮观。其中，一棵古老的桂花树大约已有上千年历史，树干有3个人合抱那么粗，树冠像一把巨大的绿伞，枝叶繁茂。老人们说这棵桂花树十分神奇，可以使乡民逢凶化吉、为村民带来好运。

金秋十月，满树的桂花金灿灿的，清香随风飘散，方圆十多里，清新空气如甜美的醇酒。秋风飘过，桂花纷纷落下来，人们满头满身都是桂花，好像下了一场桂花雨。

五老峰国家森林公园的春天是花的海洋，夏天是避暑胜地，深秋满山红叶，冬令是银色世界。这里山清水秀，有极高的自然资源保护价值。

野生植物品种繁多，有橡树、桂树、漆树、枫树、娑罗树等我国北方少见的树种。而受国家重点保护的野生动物如金钱豹、野鹿、羚、蝮蛇、金秀鸳、野猪等，经常出没于人迹罕至的密林里。

这里泉水清纯甘甜，川流不息，有明眼泉、玛瑙泉、芙蓉泉等。最神奇的是一碗泉，只有碗口大小，却舀之不尽，涌而不溢。这里的山奇水秀，无处不绿，还有松涛、云海、奇峰、怪石、松翠、流泉、飞瀑等景观，呈现出千姿百态的自然风光。

自古以来，桂花树就很受人喜爱。《山海经·南山经》提到的"招摇之山多桂"。《山海经·西山经》提到"皋涂之山多桂木"。屈原的《九歌》有"援北斗兮酌桂浆，辛夷车兮结桂旗"。《吕氏春秋》中盛赞："物之美者，招摇之桂"。东汉袁康等辑录的《越绝书》中载有计倪答越王之话语："桂实生桂，桐实生桐"。

汉代至魏晋南北朝时期，桂花成为名贵的花卉与贡品，并成为美好事物的象征。桂花树是崇高、贞洁、荣誉、友好和吉祥的象征，凡仕途得志、飞黄腾达者谓之"折桂"。

"月宫仙桂"的神话给世人以无穷的遐想。在长期的历史发展进程中，桂花形成了深厚的文化内涵和鲜明的民族特色。

知识点滴

江西名木——三爪仑香樟林

相传，崇义龙沟的合坪村住着一对小夫妻，男的叫谢宪桂，女的叫赖氏，他们住的是茅草房，穿的是破烂衣裳，但却心地善良、相亲相爱，日子也算过得甜美。

秋天的一个傍晚，收工回家的夫妻俩突然发现天上飞落一对白色的东西，落在自家门前。他们走过去一看，发现是一对白仙鹤正在扑闪翅膀，似乎是受了伤的样子，并发出痛苦的叫声。

夫妇俩看了看，动了恻隐之心，把它们抱回了家，紧接着熬药的熬药，喂水的喂水，经过他们的细心照料，不到半

个月，那对仙鹤的伤就痊愈了。

众人见了，都劝他们把仙鹤卖了，这样就可以换回一大笔钱，夫妇俩摇了摇头说："仙鹤是天上的神物，它们只能在空中飞翔，如果卖了仙鹤，会遭天打雷轰的。"

说罢，夫妇俩各捧着一只仙鹤，在门前古樟树下放飞了。没想到的是，仙鹤飞到半空却突然回过头来，向夫妇俩连叫三声，以示道别，然后，如箭一般地向东飞去了。

过了几天，在放飞仙鹤的地方，竟然奇迹般地长出了两棵香樟树。天气虽旱，但香樟树却长得青翠欲滴、生机勃勃。

夫妻俩喜出望外，每天给它浇水、施肥。几十年过去了，昔日的年少夫妻转眼间变成了白发苍苍的老"仙翁"，香樟树此时也长成了郁郁葱葱的参天大树。

后来，老人的家境不仅变得殷实富足，而且子孙满堂。老人在临

终时望着跪在病榻前的子孙，深情地说："我这一生对你们没有什么要求，只希望以后要照看好门前的那两棵香樟树。"

从此，他的子孙一代又一代地护树、爱树，邻里也由此变得团结了，人们也变得勤奋朴实了。这两棵百年香樟树被人们亲切地称为"幸福树""和谐树"。

樟树别名香樟、木樟、乌樟、芳樟、番樟、香蕊、樟木子、小叶樟，属樟科常绿性乔木。树皮幼时绿色，平滑；老时渐变为黄褐色或灰褐色。灰褐色的树皮有细致的深沟纵裂纹。

冬芽卵圆形。叶互生，纸质或薄革质，卵形或椭圆状卵形，长5厘米至10厘米，宽3.5厘米至5.5厘米。顶端短尖或近尾尖，基部圆形，离基三出脉，近叶基的第一对或第二对侧脉长而显著，背面微被白粉，脉腋有腺点。上面光亮，下面稍灰白色。

樟树的小花非常独特，外围不易分辨出花萼或花瓣的花有6片，中心部位有9枚雄蕊，每3枚排成一轮。初夏开花，花小，黄绿色，圆锥花序腋出，又小又多。核果小球形，成熟后为紫黑色，直径约0.5厘米基部有杯状果托。花期4月至5月，果期8月至11月。

樟树是常绿乔木，它的常绿不是不落叶，而是春天新叶长成后，老叶才开始脱落，所以一年四季都呈现绿意盎然的景象。全棵具有樟脑般的清香，可驱虫，而且永远不会消失。

樟树主要生长于亚热带土壤肥沃的向阳山坡、谷地及河岸平地；分布于长江以南及西南,生长区域海拔可达1千米。广布于长江以南各地，以我国的台湾地区最多。

樟树喜光，稍耐阴；喜温暖湿润气候，耐寒性不强，对土壤要求不严，较耐水湿，但不耐干旱、瘠薄和盐碱土。樟树的主根发达，深根性，能抗风。萌芽力强，耐修剪。生长速度中等，树形巨大如伞，能遮阴避凉。

樟树枝叶浓密，树形美观，存活期长，可以生长为成百上千年的参天古木，有很强的吸烟滞尘、涵养水源、固土防沙和美化环境的能力，可作绿化行道树及防风林。

此外还有抗海潮风、耐烟尘和抗有毒气体能力，并能吸收多种有毒气体，较能适应城市环境，为优秀的园林绿化林木，深受园林绿化行业的青睐。

　　樟树的用途很广泛，为重要的材用和特种经济树种。其木材质优耐腐、防虫、致密、耐水湿，是上等的建筑、造船、家具、雕刻工艺的良材。樟树的根、木材、枝、叶均可提取樟脑、樟脑油。

樟脑供医药、塑料、炸药、防腐、杀虫等用；樟油可作农药、选矿、制肥皂、假漆及香精等原料。

樟脑有强心解热、杀虫之效，在夏天如果到户外活动时，可以摘取樟树的叶片，揉碎后涂抹在皮肤上，有防蚊的功效。

科学研究证明，樟树所散发出的松油二环烃、樟脑烯、柠檬烃、丁香油酚等化学物质，有净化有毒空气的能力，过滤出清新干净的空气，沁人心脾，有抗癌功效。人们长期生活在有樟树的环境中对健康是非常有益的。

香樟树很有特色，树皮粗糙，质地却很均匀，没有白杨树的斑斑驳驳，没有柳树的树瘤结节；树枝树干一分为二、二分为四一路长去。树冠的形态是球形的，在天空中画出优美的曲线。

香樟树就像是苏东坡的书法，圆润连绵、俊秀飘逸，却又中规中矩。如果是长满香樟树的一面山坡，那简直是苏东坡绝世碑帖了。因此，学美术的人喜欢用香樟树做写生对象。

据说因为樟树木材上有许多纹路，像是大有文章的意思。所以就在"章"字旁加一个木字作为树名。

更为难得的是，樟树全棵散发出特有的清香气息，在民间多称其为香樟。香樟树有一种特殊的香味，可以驱虫，所以几乎不需要园丁

喷洒农药。在民间，人们常把香樟树看成是景观树、风水树，寓意避邪、长寿、吉祥如意。

樟树是国家二级保护植物，有关部门已经组织了普查组，对百年以上的樟树，按品种、数量、树龄、树围、树高等逐一普查登记，建立了树木保护档案。

随着城市建设对香樟树的应用越来越多，在有关部门的大力倡导下，主要培育繁殖基地在江苏沭阳、浙江、安徽等地逐渐形成，为美化自然环境和增加人民经济收入做出了巨大贡献。

因为樟树用种子繁殖，果实成熟时会自行脱落，被鸟类啄食，所以应随采随播。种子的发芽率为70%至80%。

樟树主要依靠人工栽培，要选健壮的苗木，根系发达，木质部发白，根皮略成红色，与木质部紧密相贴。种植选用土层深厚肥沃、有机质含量在1%至3%、透气透水性能好的土壤。栽后5天至7天浇水。成活后，无须经常浇水，一般在土壤化冻后发芽前浇第一遍水即可。

　　三爪仑国家森林公园地处江西靖安，因其3条支脉呈"爪"字形走向，且地势险要而得名。是江西唯一的国家级示范森林公园，我国唯一的娃娃鱼之乡、柑之乡、中华诗词之乡。

　　三爪仑国家森林公园总面积193平方千米，包括北河、宝峰寺、盘

龙湖、骆家坪、虎啸峡、观音岩、白水洞、金罗湾等八大景区和况钟园林、雷家古村两个独立景点组成。

　　景区森林覆盖率达95.7%，生态环境一流，有"绿色宝库"之称。其中负氧离子含量高，空气清新，对人体健康大有裨益，又有"天然氧吧"之称。年平均气温在13.7度至17.5度，舒适宜人，更有"休闲胜地"之称。

　　公园内野生动植物资源丰富，其中国家一级保护动物有云豹、金钱豹、白颈长尾雉3种，二级保护动物28种。有维管束植物206科，809属，1669种。其中珍贵、稀有植物有150余种，国家确定的首批重点保护植物有18种。

　　这里生长着成片茂密的樟树林，满目苍翠，繁茂葱茏，树冠苍苍如盖，树干嶙峋，形态优美，且枝叶散发出淡淡的香味。

　　在这片浓绿的空间里，香樟树林撑起一片清凉的世界。每当盛暑时节，不论是老人还是小孩，都喜欢到这里消暑、乘凉。

这儿的樟树林，是一幅永不褪色的风景画。春天，是樟树在装点这百花争艳的季节；盛夏，樟树为人们遮阴驱暑；秋风扫落叶时，樟树傲然挺立，笑迎季节的变换；严冬，樟树仍旧带给人们点点绿意。

境内层峦叠障、林海茫茫、古木参天、怪石密布、清潭飞瀑、湖光山色、风光旖旎、气候宜人，珍禽异兽、奇花佳木遍地。唐宋八大家之一的曾巩赞誉为"虽为千家县，正在清华间"。

三爪仑人杰地灵，人文荟萃。这里不仅有千年古刹宝峰寺，还是古代"三大青天"之一况钟的故里。生态与人文交相辉映，奇山共碧水了然生趣，身之所至、兴之所极，情之所至、心之忘俗！

知识点滴

我国江南的美女向来是小家碧玉，女孩子在出嫁前基本不大出门。如何让人知道家里有个女儿呢？那就是女儿一出生，家里就会种下一棵香樟树。

等到有一天，香樟树长得伸出院子的围墙，那就是女儿长大了。街坊四邻就知道这家有个待嫁的女儿，媒婆也开始上门提亲。女儿出嫁的时候，香樟树就会被砍倒，做成3只陪嫁的箱子。第一个箱子装满珍珠，说明女儿是父母的掌上明珠，希望到婆家后也被视若珍宝，受宠爱而不受气。第二个箱子装着蚕丝被。第三个箱子装着绫罗绸缎，希望女儿到婆家一辈子不愁穿。

总之希望女儿一辈子衣食无忧。柜子里的东西放多久都不会被虫蛀，还有淡淡的清香。后来，樟树就被作为女孩出嫁的标志，一直流传了下来。

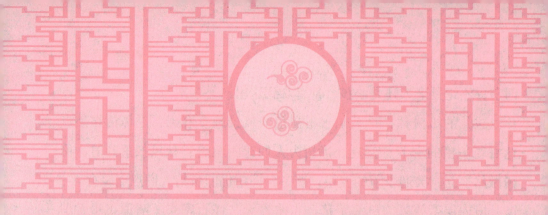

栋梁之材——梅花山红松林

古时候，小兴安岭没有红松。后来漫山遍野突然出现了红松林，这里还流传着一个故事呢！

很久以前，小兴安岭山脚下，住着一位老妈妈。她年轻时就失去了丈夫，守着一个儿子过日子。儿子20岁没出头，身子骨结实得和大

树一般，没有他干不了的活。

他经常上山打猎、挖药材、砍柴，换钱养活老母，既勇敢又善良，大家都喜欢他，老妈妈更是视他为掌上明珠。

儿子大了，娘该享福了，谁想，老妈妈却病倒了，一病就是几年。瞧着患病的妈妈，小伙子像剜心似的，恨不得自己能替妈妈患病。他每天都到山里挖药材为母亲治病，能用的药都用了，可妈妈的病就是不见好转。

一天傍晚，他正在老桦树下挖药材，突然来了位白发老人，对他念道："天下百药难治病，唯有'棒槌'真正灵。虎守蛇看难寻取，得到之人定长生。"

小伙子回答说："只要能得到它，治好妈妈的病，我就是赔上性命也行啊！老人家，快告诉我，这种药在哪儿？"

老人笑着说："还命草，处处有，处处无，良善之人终有得，卑

劣之徒不相逢。"说完，老人就不见了。

小伙子跑回家，把老妈妈托付给邻居，并连夜为她准备好吃的、喝的和汤药。第二天，小伙子顶着满天星就钻进深山里去了。饿了，就吃些野果；渴了，就喝几口山泉水；累了，就倒在草地上歇歇。也不知翻了多少座山，过了多少道林，连"棒槌"的影儿都没见到。

正急得直冒火的当儿，深草丛里钻出一只白尾巴狐狸对他说："小伙子，难得你尽孝一片心，前面大石头里有箱元宝，你拿去用吧。找'棒槌'太危险了，不要去了。"

小伙子说："我不图富贵，我要治好妈妈的病，请告诉我'棒槌'在哪儿？"

狐狸听了，禁不住流下了同情的泪水，从嘴里吐出一粒红丸，说道："你把它吃下去或许能帮你的忙。"

小伙子吃下红丸，顿时神清气爽，力增百倍。狐狸告诉他，再过三座山，就能见到"棒槌"了。

小伙子谢过好心的狐狸，飞跑而去，没多大会儿就到了地方。他钻了那么多年的山，还没见过这样灵秀的山呢！这里凉爽、清幽。树，绿得欲滴；草，肥得流油；花，艳得似霞；鸟，鸣叫如仙乐。他没心情看山景，连气儿也不歇一下，就翻山找起"棒槌"来了。

快到山头时，突然一股药香飘来，仔细一看，不远处，在两块大石头的夹缝里有棵长有一圈红珠子的草，原来那正是他要找的"棒槌"啊！

只是这两块大石头长得奇怪，一块微黄，一块油黑。它们正是传说中的虎、蛇二神，受"棒槌"姑娘之命，长年累月看守着镇山之宝。

小伙子哪里知道这些，就是知道，也不会顾及的。当他正要上去采摘时，只听猛然"轰"的一声巨响，两块怪石同时炸开了，紧接着就是两股大风直朝他扑来。

这时小伙子才想起有猛虎大蛇守护的事来，连忙抖擞精神，拼出

浑身力气和虎、蛇二神展开了搏斗。他们厮打得山呼林暗、百鸟惊飞。只见黑、黄、红3个光团，绞在一起，时而卷上山头，时而滚进林中，难解难分，胜负难料。

眼看一个时辰过去了，小伙子已遍体鳞伤，虎、蛇二神也是伤痕累累，小伙子渐渐体力不支，虎、蛇却困兽犹斗。他忽然灵机一动，心生一计，只见他退到悬崖边，猛然倒地，把虎、蛇晃下了悬崖。

结果，蛇神撞死在大树上，变成了一根又粗又黑的长藤；虎神碰死在山脚下，变成了一块又硬又脏的卧牛石，小伙子累昏过去了。

不知过了多久，他听到有人呼唤他："好勇敢的小伙子，快回家去救治你的老妈妈吧，可要记住，药不能多吃呀！"

小伙子醒了，只见一位姑娘坐在身旁，已经为他治好了伤。姑娘长得明眸皓齿，长发黑亮柔软，肌肤洁净，腰身俊秀，红唇含笑，原

来她就是美丽善良的"棒槌"姑娘。见小伙子醒了，姑娘扬起手臂，"棒槌"便飞落到他手里了，姑娘如云似雾地飘进了林海……

小伙子到家后，匆忙间忘记了"棒槌"姑娘的后半句话，老妈妈喝多了"棒槌"汤，很快就变成了杨树。他痛苦至极，痛不欲生，便喝下了剩下的棒槌汤，自己也变成了四季常青的红松树。

后来，说也奇怪，红松树越长越多，漫山遍野，就成了浩瀚的红松林海。

红松是松科松属的常绿针叶乔木。树干圆满通直，十分高大，在天然松林内树高多为25米至40米，胸径为40厘米至80厘米，最粗的达200厘米。红松是老寿星，寿命长达300年至500年。

红松幼树的树皮呈灰红褐色，皮沟不深，近平滑，鳞状开裂，内皮浅驼色，裂缝呈红褐色，大树树干上部常分叉。心边材区分明显，边材浅驼色带黄白，常见青皮；心材黄褐色微带肉红，故有红松之称。

红松的枝近平展，树冠圆锥形，冬芽淡红褐色，圆柱状卵形。小枝密被黄褐色的绒毛，针叶5针一束，长6厘米至12厘米，较粗硬，有

树脂道3个。

红松的叶鞘早落，球果圆锥状卵形，长9厘米至20厘米，径6厘米至8厘米，种鳞先端反曲，种子大，倒卵状三角形，无翅。花期6月，球果第二年9月至10月成熟。

红松的树皮分为细皮和粗皮类型，细皮类型树皮较薄呈鳞状或长条状开裂，片小而浅，边缘细碎不整齐，树干分叉较少，生长较快，材质较好。粗皮类型树皮较厚呈长方形大块深裂，边缘较整齐，树干分叉较多。

红松是单性花，雌花和雄花都生长在同一棵树上。红松属于孢子植物门，它的花不是真正的完全花，雌花叫大孢子，也叫雌球花，着生在树冠顶部，结实枝的新生枝顶芽以下部位；雄花叫小孢子，也叫雄球花，多着生在树冠中下部，侧枝新生枝基部。

红松的雄球花一般在6月初形成，初形成长在包鞘里，长0.2厘米至

0.4厘米，如麦粒状，两三天就会冲出包鞘，逐渐发育，颜色由黄绿渐变为杏黄或紫黄色，历经十几天到6月中旬发育成熟；长1.5厘米至2.0厘米，菠萝状或圆柱状，小孢子叶开始松散，用手一捏就有黄色花粉液流出。

雌球花一般在6月10日左右形成，其包鞘长椭圆形，长1.5厘米至2.0厘米，一两天冲出包鞘发育成熟，长2厘米至2.5厘米，菠萝状，紫色或粉红色，成熟时珠鳞微微张开。

红松雄球花成熟后就开始传粉和受粉。雄球花成熟后顶端变干，孢子叶松散，气温、湿度条件适宜即开始散粉，散完粉的雄球花萎缩变干。

雌球花成熟后珠鳞张开，内含半透明的黏液，基部为大孢子囊，受粉完成后珠鳞闭合。一般雌球花受粉期为5天至10天，雄球花传粉期

4天至8天。

红松是当年受粉第二年春天受精，9月中旬种子成熟。从开花到收获大约160天。天然红松大约80年才开花结实，人工红松大约30年开始结实。

红松是典型的温带湿润气候条件下的树种，喜好温和湿润的气候条件，在湿润度50%以上的情况下，对温度的适应幅度较大。

红松的耐寒力极强，在小兴安岭林区冬季零下50度的低温下也无冻害现象。红松喜湿润、土层深厚、肥沃、排水和通气良好的微酸性土壤。

红松对土壤水分要求较严，对土壤的排水和通气状况反应敏感，不耐湿，不耐干旱，不耐盐碱。果松喜光，幼年时期耐阴。

红松是浅根性树种，主根不发达，侧根水平扩展十分发达。果松幼年时期生长缓慢，后期生长速度显著加快，而且在一定时期内能维持较大的生长量。木材蓄积量高，天然红松林200年生每公顷木材蓄积量

可达700立方米，人工红松林29年生可达129立方米。

红松喜光性强，随树龄增长需光量逐渐增大。要求温和凉爽的气候，在酸性土壤、山坡地带生长好。

红松是名贵而又稀有的树种，在地球上只分布在我国东北的长白山至小兴安岭一带。红松是黑龙江伊春境内小兴安岭、长白山林区天然林中主要的森林组成树种，也是东北的主要造林绿化树种之一。

全世界一半以上的红松资源分布在这里，因此，伊春被誉为"红松故乡"。

红松的垂直分布地带在长白山林区，一般多在海拔500米至1200米间；在完达山和张广才岭林区，一般分布在500米至900米之间；在小兴安岭，一般分布在300米至600米之间。

红松是像化石一样珍贵而古老的树种，天然红松林是经过几亿年的更替演化形成的，被称为"第三纪森林"。

红松自然分布区，大致与长白山、小兴安岭山系所蔓延的范围相一致。其北界在小兴安岭的北坡，南界在辽宁宽甸，东界在黑龙江饶河，西界在辽宁本溪。

红松针阔叶混交林是东北湿润地区最有代表性的植被类型，自然保护区不仅完整地保存了珍贵的红松资源，同时也成为一座天然博物馆和物种基因库，为生物工作者研究红松为主的针阔叶混交林的生态、群落的变化、发展和演替规律，提供了良好的条件。红松自然分布区对研究古地理、古气候及植物区系具有一定的科研价值。

红松材质较好，能保持山地水土，是比较重要的种质资源。红松是著名的珍贵经济树木，树干粗壮，树高入云，挺拔顺直，是天然的栋梁之材。红松材质轻软，结构细腻，纹理密直通达，形色美观又不容易变形，并且耐腐朽力强，所以是建筑、桥梁、枕木、家具制作的上等木料。

红松的枝丫、树皮、树根也可用来制造纸浆和纤维板。从松根、松叶、松脂中还能提取松节油、松针油、松香等工业原料。

松子是红松树的果实，又称海松子。松子含脂肪、蛋白质、碳水化合物等。松子性平味甘，具有补肾益气、养血润肠、滑肠通便、润肺止咳等作用。常食可健身心，滋润皮肤，延年益寿。

明朝李时珍对松子的药用曾给予很高的评价，他在《本草纲目》中写道：

> 海松子，释名新罗松子，气味甘小无毒；主治骨节风、头眩、去死肌、变白、散水气、润五脏、逐风痹寒气，虚羸少气补不足，肥五脏，散诸风、湿肠胃，久服身轻，延年不老。

松子既可食用，又可做糖果、糕点辅料，还可提炼植物油。松子油，除可食用外，还是干漆、皮革工业的重要原料。另外，松子皮可制造染料、活性炭等。

红松树干粗壮，树高入云，伟岸挺拔，是天然的栋梁之材，在古代的楼宇宫殿等著名建筑中都起到了脊梁的作用。

红松生长缓慢，树龄很长，400年的红松正为壮年，一般红松可活六七百年，不畏严寒，四季常青，是长寿的象征。

红松原始森林是小兴安岭生态系统的顶级群落，生态价值极其珍贵，它维护着小兴安岭的生态平衡，也维护着以小兴安岭为生态屏障的东北地区的生态安全。

清代《黑龙江志》，曾有对小兴安岭红松原始森林的记载：

参天巨木、郁郁苍苍、枝干相连、遮天蔽日，绵延三百余里不绝。

天然红松林作为欧亚大陆北温带最古老、最丰富、最多样的森林生态系统，是植物界的活化石，是联合国确定的珍稀保护树种，已被我国列为二级重点保护野生植物。

为了保护这一世界濒危珍稀树种，有关部门已经做出了全面停止

采伐天然红松林的决定，并对现存的红松逐棵登记，通过认领红松、举办保护红松国际研讨会和东北亚生态论坛等活动，初步形成了由单一树种到多树种、由植物到动物、由点状到全面的保护体系。

梅花山国家森林公园坐落在小兴安岭腹部，伊春东28千米处。公园占地7815公顷，有森林5900多公顷，草地660公顷，河流460公顷。最高峰海拔约1千米。

公园内自然资源丰富，生态环境良好，栖息着许多珍贵野生动植物。这里山形地貌独特，气候四季分明，松涛阵阵，古木参天。可分为红松原始林景区、虎臀山探险观光区、梅花山探险观光区、梅花湖娱乐区4个景区。著名的景点有24处。

森林公园内有著名的原始红松林。红松原始林四季常青，古树参天，苍翠挺拔，空气清新，令人陶醉。这里的红松林仍然保留着原始森林的自然风貌，一棵棵粗大的红松树参天矗立，树冠相簇连络。

红松不愧为天质非凡，它昂首伫立山间的树干浑圆敦实，像北

方的汉子一般的刚毅。它是森林里高耸的巨无霸，居高临下，冷傲威严；仔细审视又有通体飘逸，秀美挺拔柔韧的一面。

这里红松的树龄一般都有三五百年，树高至少都三四十米，树径也都有百十厘米，很多粗到无法环抱。一片红松林就是一座天然大氧吧，徜徉在绿色林海里，观赏着绿色美景，呼吸着含有负氧离子的清新空气时，感觉呼吸顺畅、心情怡然。

夏天，林地上铺着厚厚的一层暗红色的松针，松针上面覆盖着一层绿茸茸的牛毛小草，踏上去，软绵绵的，就像踩着一条彩色的大地毡。

红松开花传粉时节，走进大森林就会被飘香的红松花粉所迷醉。空气中弥漫着红松的香气，耳边的沙沙声是红松的召唤，一阵风吹过，红松在向人们展开温暖的怀抱。

秋天，树冠上结满像菠萝似的大松塔，厚重油亮，芳香浓郁，这里成了天然的种子园。漫山遍野的红松林，俯视一片绿，横看一片红。

笔直而光滑的树身如红漆涂抹般鲜艳，远远望去好像无垠的海洋，山风吹来，树顶彩冠与树身红衣相映成趣，构成斑斓的自然画卷。

冬天，阔叶的树木早已凋零，只有红松依然保持绿色。红松林中的积雪厚达1米，白雪覆盖着的红松林，像满山美丽的圣诞树一样。澄净的天空、壮观的大冰凌、雾凇、树挂等神奇景色，让人心神俱醉。

此外，森林公园还有白松林苍郁挺拔，直刺云端；白桦林白干、黑节、红枝、绿叶，如同一幅靓丽的画卷；混交林柞树、杨树、曲柳树参差不齐，榆树、椴树、楸子树粗细相间；人工林郁郁葱葱，是巧夺天工的风景线。

公园里春来山花烂漫，鸟语花香，滔滔林海新芽吐绿，萋萋芳草生机无限。浩荡的春风吹过，松涛阵阵，林子里到处是婉转的鸟鸣，参天巨木，郁郁苍苍，枝干相连，遮天蔽日，绵延150多千米不绝。

夏到参天大树遮云蔽日，灌木丛生绿叶成荫，听泉水叮咚不见泉涌，闻溪水淙淙难觅水踪，无论是荡舟漂流，还是森林沐浴，都会带给人沁人心脾的凉爽。

秋至满山红叶，尽染层林，野果香飘四溢，令人心醉神迷、兴趣益然。

冬时，皑皑雪原与滔滔林海相伴，苍翠的青松同洁白的雪花为伍。

总之，森林公园内四时景色迷人，令人流连忘返。身临其境，宛如仙境一般。从喧闹的城市来到梅花山国家森林公园中，定会找到返璞归真、回归自然的感觉！

一边欣赏红松原始林的风貌，一边大口大口呼吸原始林中的木香、花香和草香，体会梅花山原始、自然和健康的魅力，顿觉舒畅、轻松和愉快！

知识点滴

由于我国北方气候寒冷，树木每年只能在100多天的无霜期里复苏，扩张一次生命的年轮，缓慢得几乎让人感觉不到它在变粗。像红松这样优等的树木每年增加一道年轮，而树干的直径只不过增加了一两毫米。

如此推算，一棵双臂能够合拢过来的松树，至少也要经过300多年的漫长历程。难怪古往今来许多文人骚客都不惜笔墨赞美松树的风格，松树的确是大森林里的佼佼者，特别是小兴安岭的红松，它虽然没有黄山松那么俊秀，却是出奇的高大挺拔。

从使用价值来看，名山上的奇松只能算是放大了的盆景，而小兴安岭上的红松才是真正的栋梁之材。